W0056421

Der Bauer und das liebe Vieh

Wir lieben das Landleben.

Der Bauer
und das liebe Vieh

**Menschen aus der Landwirtschaft erzählen
von der Beziehung zu ihren Tieren**

Hrsg. Ulrike Siegel

Inhalt

Ulrike Siegel, Herausgeberin

Feste
Stallzeiten

Friedliche Kühe grasen auf saftigen Weiden, Schweine tollen in sauberem Stroh und Hühner stolzieren auf grünen Wiesen vor idyllischen Fachwerkhäusern! So begegnen uns landwirtschaftliche Nutztiere in der Werbung auf Milchflaschen, Wurstverpackungen und Eierschachteln. Gleichzeitig tobt in den Medien die Diskussion um die moderne Tierhaltung. Industrielle Massentierhaltung wird mit Bildern von Schweinen und Masthühnern, die eingepfercht auf engstem Raum ihr kurzes Dasein fristen, angeprangert und verteufelt. Der Bau von neuen Großschlachthöfen und die Genehmigung von Tierfabriken bringen immer mehr Menschen auf die Straße. Wann und wo auch immer sich die Blicke auf die Tiere in der Landwirtschaft richten – entweder sie romantisieren oder sie verteufeln. Für beides gibt es durchaus gute und nachvollziehbare Gründe.

Tiere sind in unserer Gesellschaft allgegenwärtig. Zumeist als geliebte Haustiere, Gefährten für die Kinder, als Familienmitglieder, denen bei Krankheit gute tierärztliche Versorgung bis hin zu künstlichen Gelenken ermöglicht wird. Gezähmte Wildtiere, die als Protagonisten durch die Dokusoaps unserer Fernsehsender klettern und springen. Knut, der kleine Zoo-Bär, und Petra, der einsame Schwan, eroberten im medialen Zeitalter alle Sender und Herzen.

Landwirtschaftliche Nutztiere waren dagegen lange Zeit nahezu aus der Alltagswahrnehmung verschwunden. Namenlos dienen sie als Fleisch-, Milch- und Eierproduzenten. Und kaum ein Konsument verbindet diese Produkte im Tetrapak abgefüllt oder Plastikfolie eingeschweißt noch mit dem lebenden Tier!

Was aber bewegt die Menschen, die mit diesen Tieren umgehen? Die tagtäglich füttern, melken, misten, Tieren auf die Welt helfen, um sie irgendwann zum Schlachten zu bringen. Können Bäuerinnen und Bauern im Kontext der modernen Tierhaltung noch eine Beziehung zu ihren Tieren haben? Wie gehen sie mit dem Widerspruch um, einerseits ihre Tiere als Mitgeschöpfe mit eigener Würde wahrzunehmen, andererseits sie als Produktionsmittel ökonomisch zu nutzen?

In diesem Band gehen 19 Tierhalterinnen und Tierhalter diesen Fragen nach. Sie beschreiben in autobiografischen Geschichten ihren täglichen Umgang mit Kühen, Rindern, Schafen, Schweinen, Puten und Straußen. Emotionale Bindung und ethische Wertvorstellungen stehen dabei in Konkurrenz zu dem betriebswirtschaftlich definierten Bezug zum Tier. Es geht um die Produktion in der „Regionalliga" oder der „Champions League" der landwirtschaftlichen Betriebe. Nur eines haben alle Autorinnen und Autoren bei aller Unterschiedlichkeit der Tierhaltung auf ihren Betrieben gemeinsam: Sie leben nicht nur mit den Tieren, sondern eben auch von den Tieren!

Die Beiträge geben die Meinung und Sicht der jeweiligen Autoren wieder. Das Buch erhebt keinen Anspruch auf eine umfassende Behandlung des Themas der „Mensch-Nutztier-Beziehung". Die persönlichen Geschichten sollen aber zu einer sachlichen Diskussion beitragen, was Emotionen selbstverständlich nicht ausschließt. Sie möchten einladen, gewohnte Positionen zu überdenken und gegebenenfalls zu revidieren.

Mein Dank gilt allen Autorinnen und Autoren, die mit ihren Geschichten einen Blick hinter ihre Stalltür ermöglichen. In Zeiten der aufgeheizten Diskussionen um landwirtschaftliche Tierhaltung ist dies bei Weitem nicht selbstverständlich. Deshalb gebührt ihnen für diesen Mut großer Respekt und ein von Fairness und Toleranz geprägter Umgang damit.

Ulrike Siegel, September 2014

Claudia Bäumler, Milchviehbäuerin in Baden-Württemberg

Wer hier auf dem Hof geboren wird …

Montagmorgen mag ich nicht. Das liegt jedoch nicht am zurückliegenden Wochenende, sondern an der Tatsache, dass an diesem Morgen immer die Schlachtkühe abgeholt werden. Schon die Diskussion Tage zuvor, welche Kuh nun zum Schlachter soll, ruft bei mir Unbehagen hervor. Da unser Milchviehstall mit 130 Milchkühen voll belegt, ja eigentlich überbelegt ist, müssen wir uns immer wieder von einigen trennen. Oftmals sind es die älteren Kühe, die ihre Wehwehchen haben oder einfach nicht mehr tragend werden. Dann tut es besonders weh. Denn gerade diese Kühe haben uns lange begleitet, wir kennen ihre Eigenheiten und ihre Vorlieben. Ja, sie gehören fast schon zur Familie. Und dann sind da auch noch die Lieblingskühe der Familienmitglieder. Mein Mann hat eine Vorliebe für das Braunvieh. Wir haben zwar nur noch ein paar wenige, aber die bekommen dann oft eine zweite Chance von ihm. Johannes, unser Ältester, der gerade eine Ausbildung zum Landwirt macht, hat vor Jahren ein Kalb von uns bekommen. Er nannte es Fichte. Sie ist inzwischen eine ältere Kuhdame. Alle Nachkommen dieser F-Linie sind somit für ihn wichtig und haben in ihm einen Fürsprecher. Ebenso liebt er natürlich alle leistungsstarken Kühe. Julia, inzwischen 14 Jahre alt, hatte ihr Herz als sechsjähriges Mädchen an die Kuh Tabea verloren. Die tonnenschwere Tabea war eine gutmütige, liebe Kuh, die fast alles mit sich machen ließ. Doch auch die musste letztendlich zum Schlachten. Die dabei vergossenen Tränen vergessen wir beide wohl nicht. Seitdem hat sie keine Lieblingskuh mehr, sie liebt jetzt alle.

Mit dem Schlachten von Tieren hatte ich früher schon so meine Probleme. Damals war es ja noch üblich, auf dem Hof das eigene Schwein oder Rind zu schlachten. Da wir keine Schweinehaltung hatten, wurden extra zwei Ferkel gekauft und aufgezogen. Die Ferkel waren also etwas Außergewöhnliches für mich und wurden am Anfang mit meiner kindlichen Liebe überschüttet. Ich wollte aus ihnen Zirkusschweine machen und versuchte deshalb, ihnen alle möglichen Kunststücke beizubringen, um sie somit vor dem Schlachten zu retten. Jedoch hat es nie geklappt, sie landeten immer in der Gefriertruhe. Am Schlachttag selbst verschanzten wir Kinder uns bei meiner Tante im Nachbarhaus, kochten uns Nudelsuppe aus der Tüte, während die Erwachsenen Kesselfleisch aßen, und trauerten den Schweinen nach. Ich glaube jedoch, dass es für die Schweine damals nicht hätte besser laufen können, sie hatten ein schönes Leben auf dem Hof, wurden gut versorgt und geliebt und in ihrer gewohnten Umgebung mit wenig Stress geschlachtet. Eigentlich eine Idylle. Heute werden bei uns keine Tiere mehr auf dem Hof geschlachtet. Der Viehhändler holt die Kühe und Bullen ab und bringt sie zum Schlachthof. Wenn möglich vermeide ich es dabei zu sein, wenn sie abgeholt werden. Doch ich kann es mit meinem Gewissen sehr gut vereinbaren, dass sie zum Schlachten müssen, da sie ein wenn auch manchmal kurzes, aber in meinen Augen angenehmes Leben hatten.

Meine Beziehung zu Kühen war schon immer innig. Von klein auf war ich mit im Stall, erst nur in sicherer Entfernung, doch schon bald durfte ich mithelfen. Melken, füttern, misten und vieles mehr. Auch als Jugendliche ließ meine Begeisterung für Kühe nicht nach. Zusammen mit meinem Vater besuchte ich die Zuchtviehmärkte, auf denen wir Kälber oder Jungkühe verkauften. Ich war damals unheimlich stolz, wenn mir meine Kühe wie Lämmer im Verkaufsring folgten. Es war immer klar, dass ich den Hof übernehmen und Kühe halten würde. Auch Abitur und Studium haben mich an meinem Entschluss nicht zweifeln lassen. So verwirklichte ich mit meinem Mann den Traum von einem neuen Stall und wir investierten in die Milchviehhaltung. Wir wollten den Tieren Komfort bieten und damit auch uns ein angenehmes Arbeiten ermöglichen. Mit der Auszeichnung des Tierschutzpreises für unseren Stall ist es uns auch gelungen. Meine Begeisterung für Kühe habe ich auch an unsere Kinder weitergegeben. Von klein auf waren sie mit im Stall. Nicht nur in sicherer Entfernung, sondern mittendrin. Sie haben gelernt, dass man den Kühen ruhig und freundlich entgegentritt, ohne Stecken oder Gabel in der Hand, dass man ihnen zuredet und dass sie gerne gekrault werden.

Für mich ist es wichtig, dass alle Tiere auf dem Hof Namen haben. Nicht nur die Hofhunde Paula und Frieda, die Pferde, Hasen oder die Katzen, sondern auch unsere Kühe, egal wie viele es sind, werden mit ihren Namen angesprochen. Dabei ändert sich der Namenspool mit dem Alter unserer Kinder. Früher gab es schon mal Kühe mit dem Namen LaLa oder Gipsy, angelehnt an die Teletubbies, wobei jetzt eher die Namen von Stars und Sternchen wie Amy, Rihanna, Kylie oder Zazou vergeben werden. Da die Namen der Kälber immer mit dem gleichen Anfangsbuchstaben wie ihre Mütter anfangen, kann man leicht die Verwandtschaftsverhältnisse nachvollziehen.

Schon immer standen bei uns die Tiere mit an erster Stelle. Denn das Halten von Tieren, egal wie vielen, bedeutet immer: Erst wenn alle versorgt sind, kann man an anderes denken. Das war schon als Kind so, meine Eltern hatten erst Zeit, wenn der Kuhstall fertig war und alle Tiere rundum zufrieden waren. Auch heute beeinflusst der Hof und insbesondere die Rinderhaltung unser ganzes Leben. Unsere Kinder mussten lernen, dass eine kranke Kuh im Stall oder ein Kalb mit Durchfall schon mal die Wochenendplanung oder eine Shopping Tour durch Ulm ausfallen lassen können. Heute ist es jedoch selbstverständlich, dass unsere Tochter, wenn sie ein paar Tage weg ist, beim Telefonanruf sich erstmal nach den Kühen, Kälbern, Katzen und sonstigen Tieren erkundigt, bevor sie nach anderem fragt.

Auf unserem Hof sind nach den Rindern die Katzen die zahlenmäßig stärkste Tierart. Meistens sind es über zehn. Dabei trifft das Vorurteil über die verwahrlosten und sich ständig vermehrenden Bauernhofkatzen überhaupt nicht zu. Sowohl die Katzen als auch die Kater werden sterilisiert oder kastriert. Sie vermehren sich lediglich durch die steigende Anzahl von ausgesetzten Stubentigern und Schmusekätzchen. Letzten Sommer wurden wir durch erbärmliches Miauen auf zwei halbwüchsige Kater im Schuppen aufmerksam, die scheu und hungrig in einer Ecke saßen. Nachdem wir sie aufgepäppelt und wieder handzahm hatten, brachten wir es natürlich nicht übers Herz, sie ins Tierheim zu geben. Im Herbst ereignete sich dasselbe mit einem frechen hellgrauen Kater, unserem Oscar. Somit erhöht sich die Zahl der Katzen ohne unser Zutun. Die meiste Arbeit bereiteten mir jedoch vier kleine, mutterlose Katzenkinder, die gerade mal drei Tage alt waren. Mit spezieller Katzenmilch vom Tierarzt und einer Spritze, mit der ich die Milch einflößte, fütterte ich die Kätzchen alle paar Stunden und massierte ihre Bäuche. Obwohl mir klar war, dass ich alle auf gar keinen Fall bei uns aufnehmen konnte, versorgten ich und meine Kinder sie und päppelten sie auf, bis sie erwachsen waren. So ist es nun mal: Wer hier auf dem Hof geboren wird, wird hier umsorgt und versorgt.

Mit der steigenden Anzahl von Tieren auf unserem Betrieb wächst nicht nur die Arbeit, die ja meistens auch noch zu bewältigen wäre, sondern es wächst vor allem die Verantwortung gegenüber den Tieren. Wir wollen sie ja nicht irgendwie halten, sondern fragen uns ständig, ob sich die Tiere wohlfühlen, was wir besser machen könnten und ob wir den Anforderungen gerecht werden. Tiere sind ein Wirtschaftsfaktor, um Geld zu verdienen und den Hof rentabel zu bewirtschaften, aber vor allem sind sie lebende Geschöpfe, für die wir verantwortlich sind und Sorge tragen müssen. Früher entsprach unser Hof wahrscheinlich noch eher

einer Bauernhofidylle; klein und überschaubar, mit weniger Tieren und
kleineren Maschinen. Doch das Bild trügt. Arbeit war und ist auf einem
Bauernhof immer da, sowohl früher wie auch heute. Doch früher hat
man sich meiner Meinung nach nicht so viele Gedanken über die Haltung der Tiere und die Anforderungen an Stall und Umgebung gemacht.

Die Zweckmäßigkeit stand im Vordergrund. Angebundene Kälber und Ställe mit wenig Luftvolumen gab es zum Beispiel überall. Neue Erkenntnisse durch Versuche und Forschung haben heute zu mehr Wissen um artgerechte Tierhaltung und damit auch zu anderen Richtlinien für die Rinderhaltung geführt. Unser vergrößerter Betrieb ist somit, was die Tierhaltung betrifft, heute gewiss nicht schlechter, aber anders als früher. Der Einsatz von immer mehr und auch immer größeren Maschinen und die Automatisierung von manchen Arbeitsabläufen ermöglichen es uns heute, die Tiere besser zu versorgen.

Wenn ich am Ende des Tages durch unsere Ställe gehe und alle Tiere ruhig und zufrieden im Stroh liegen oder genüsslich wiederkäuen, ist es für mich ein Gefühl von Glück. Leider kommt dieser Augenblick immer seltener vor. Durch die ständig wachsenden Anforderungen bin ich irgendwie immer in Eile. Zwar kann ich mir ein Leben ohne Tiere nicht vorstellen, aber manchmal träume ich schon davon, die ganze Verantwortung wenigstens mal für ein paar Tage ganz abzulegen.

Rainer Hofmann, Rinderhalter in Baden-Württemberg

Ein kluger Mensch verehrt das Schwein ...

Es waren schon raue Burschen, die sich da in meiner Kindheit als Hausmetzger im Herbst und Winter durch die hohenlohischen Bauernhöfe schlachteten. Sie kamen morgens vor Tagesanbruch auf den Hof und übernahmen wie selbstverständlich das Kommando. Der Schlachtkessel war angeheizt und selbst der Altbauer musste gehorchen. Da standen sie dann, in Gummistiefeln, rot gestreifter Metzgersbluse, langem weißen Plastikschurz und umgehängtem Messerköcher, an zugigen Scheunenecken neben der Miste und warteten auf ihr Opfer. In der einen Hand ein riesiges Messer, in der anderen den Bolzenschussapparat. Dann kam die Sau.

Eine Sau, die in der Regel Gustav oder Willi hieß und das letzte halbe Jahr von uns gefüttert und gekrault worden war. Natürlich kam sie nicht freiwillig. Rückwärts, laut schreiend, wurde sie, den Kopf in einem Kartoffelkorb, aus dem Stall geschoben und mit dem rechten hinteren Bein an einen Pfosten gebunden. Wir Kinder standen mit einer Mischung aus Neugierde und Grausen in respektvollem Abstand zum Geschehen. Aber so leicht machten es uns diese raubeinigen Gesellen nicht.

„Auf, her do, Schwenzle heiwa." Und so mussten wir dem noch lebenden Schwein den Schwanz halten, während er es schoss. Damit war die Prozedur für uns aber dann noch nicht vorbei. Die Sau war ja nur betäubt und zappelte wie wild. Sie musste noch ausbluten. Hierzu kniete sich der Metzger kräftig auf ihre Schulter und stach mit einem großen Messer in die Halsschlagader. Er hielt eine Schüssel darunter und fing das Blut für die Wurst auf. War das Gefäß voll, hielt er mit einer Hand die Ader zu und schüttete das Blut in einen Eimer. „Auf, her do, Blut rühra!" Und so mussten wir mit einem umgedrehten Holzlöffel das Blut kräftig rühren, damit es nicht gerann. Das spritzte natürlich und man hatte die ganze Rührhand voll Schweineblut. Dann wurde das Schwein aufgehängt und der Bauch aufgeschnitten. Was da alles drin war – man konnte sich gar nicht satt sehen.

Überall Dampf und der Geruch von warmem Fett und dazwischen ein fremder, herrischer Mann, der sich von Marmorkuchen und Schnaps zu ernähren schien.

Er war ein Handwerker, der wie ein Bäcker aus Mehl Brot eben aus Schweinen Wurst machte. Es wurde Speck geschnitten, Fleisch durch den Wolf gedreht, Kotelett gehackt, Schmalz ausgelassen und Bratwürste über einen Besenstiel gehängt.

Und so lernten wir als Kinder, wie aus einem Lebewesen ein Nahrungsmittel wurde. Es war kein anonymes Sterben.

Wir lebten mit Nutztieren, deren einziger Lebenszweck es war, Milch zu geben, Eier zu legen, Wägen zu ziehen und dann, oder einfach nur, dem Menschen als Essen zu dienen. Wir lebten zwischen Hühnern, denen man auf einem Hackstock mit einem Beil den Kopf abschlug und sie dann zum Ausbluten auf die Wiese hinter dem Haus entließ, zwischen Karnickeln, denen man am Samstag den Prügel ins Genick schlug und das Fell über die Ohren zog, oder Täubchen, denen man ganz einfach nur den Hals umdrehte.

Sie alle standen dann am Sonntag zwischen Knödeln und Kartoffelsalat auf dem Mittagstisch. „Komm, Herr Jesu, sei unser Gast, und segne alles, was du uns bescheret hast." Wir wurden mit unseren Tieren groß. Zwischen Geburten, Wachsen und Gedeihen, aber auch zwischen Schwergeburten, Krankheiten und manchmal elendem Zugrundegehen.

Eine andere Sichtweise zeigte sich, als Ende der neunziger Jahre die Regionalität zurück in die Küchen kam. Die Erzeuger wollten sich abheben von der großen Menge der anonymen Lebensmittelströme und einen besseren Preis erzielen. Der Konsument hatte Sehnsucht nach qualitativ hochwertigen Nahrungsmitteln. Er wollte artgerechte Haltung und ein gutes Gefühl beim Essen. Und so begann der Siegeszug der Bäuerlichen Erzeugergemeinschaft Schwäbisch Hall. Rudolf Bühler aus Wolpertshausen machte aus einer alten Schweinerasse eine Religion. Das Schwäbisch-Hällische Schwein wurde zum Inbegriff der Gegenbewegung zu Massentierhaltung und gentechnisch veränderten Nahrungsmitteln. Auch die Edelgastronomie sprang auf diesen Zug auf. Der Limpurger Weideochse wurde wiederbelebt und tauchte auf den Speisekar-

ten der renommierten Restaurants auf. Die Menschen aus den Städten fuhren am Sonntag aufs Land, um Ursprünglichkeit zu genießen.

Zu diesem Thema schrieben der Grünen-Politiker und Hohenloher Pfarrersohn Rezzo Schlauch und der Sternekoch Manfred Kurz vom „Hirschen" in Blaufelden ein Kochbuch, „Die neue Ess-Klasse": Gerichte aus nachvollziehbarer regionaler Produktion, Hand in Hand mit Landschaft und Menschen. Konsument, Bauer und Region sollten sich kennen. Auf so einer Buchpräsentation sprach mich Manfred Kurz an, ob wir nicht bereit wären, für ihn Limpurger Weideochsen zu halten und somit das berühmte „Boeuf de Hohenlohe" zu erzeugen. Er versprach, dieses Rindfleisch auf die Karte zu nehmen und mit seinen Gästen zu uns auf den Hof zu kommen. Er wollte zeigen, dass es den Tieren bei uns gut ging und wir anständige Leute sind. Danach sollten sie in seinem Sterne-Restaurant Gerichte aus diesem Fleisch probieren und sich gut fühlen.

So kamen wir zu den Limpurgern. Alles klappte, nur die Betriebsbesuche der Gäste verliefen ganz anders als geplant. Völlig unvorbereitete Menschen trafen auf wunderschöne Tiere, die voll Vertrauen herkamen und sich kraulen ließen, auf Kälber, die ihnen mit großen, dunklen Augen tief in die Seele schauten. Nein, so was konnten und wollten sie nicht essen.

Wir haben draufhin die Besichtigung unserer Tiere aus 300 Meter Abstand gemacht. Dann ging's besser. Begriffen haben wir es aber erst später. Journalisten und Fotografen kamen zu uns auf den Hof und berichteten über diese neue alte Rinderrasse. Interessant war die Begegnung mit „Stern Gourmet". Eines Tages erreichte uns ein Anruf: Regionale Sterneköche wollten sich auf der Wiese, inmitten von Limpurger Weideochsen, für ein Feinschmecker-Magazin präsentieren. Dienstag, fünfzehn Uhr, bitte alles vorbereiten! Und dann trafen sie ein: Otto Geisel vom „Victoria" in Bad Mergentheim und Manfred Kurz vom „Hirschen" in Blaufelden. Sie trugen ihre Kochkleidung, zeigten sich ganz „maitre de cuisine" und machten sich auf den Weg zur Weide. Die Fotografen suchten einen Platz aus. Wir präparierten diesen mit Salz und Kraftfutter, damit die Ochsen auch kamen und da blieben. Da standen sie nun, zwei Meister ihres Faches, inmitten ihrer Fleischlieferanten und unterhielten sich über deren Zubereitung. Es war sonniges Wetter und es wurden tolle Bilder. Sie erschienen dann wohldosiert mit einem guten Bericht im Stern. Das war der richtige Abstand. Einmal durch einen Fotoapparat und eine Druckerpresse gefiltert, entsteht die richtige Distanz zu den Tieren, die man isst.

Als ich in den siebziger Jahren meine landwirtschaftliche Lehre begann, kam die Tierproduktion gerade so richtig in Gang. Eigentlich hat jeder immer irgendwelche Ställe um- oder neu gebaut. Die Tiergrößen eines Hofes lagen damals bei ungefähr 20 bis 30 Muttersauen oder 100 bis 300 Mastschweineplätzen oder ungefähr 15 bis 25 Kühen. In der Regel waren es Gemischtbetriebe. In unserer Ausbildung schien jeder Bauer alle Möglichkeiten zu haben, er musste nur gut ausgebildet und durchstrukturiert sein. Man fuhr nach Holland, um sich Betriebe anzuschauen, große Tierhaltungen im gewerblichen Stil ohne Ackerbau. Das erste Abteil im Stall war wie eine Wohnung eingerichtet. Dort wohnte die junge Familie, bis sie genug Geld hatte, sich eine Wohnung kaufen oder ein Haus bauen zu können. Die Bauersleute hatten meist eine weißlich gelbe Gesichtsfarbe, denn sie sahen nicht viel mehr Tageslicht als ihre Schweine.

Neue bunte Agrarmagazine erschienen auf dem Markt. Sie stellten moderne Produktionsabläufe in den Vordergrund. Es gab spezielle Ausgaben für Ackerbau, Viehhaltung oder Schweineerzeugung. Unglaublich erfolgreiche Betriebe wurden vorgestellt. Der Ehemann hielt 500 Sauen, die Familie betrieb einen Partyservice am Wochenende und war ehrenamtlich sehr engagiert. Souveräne Betriebsleiter von großen Ackerbaubetrieben standen zwischen ihrem modernsten Maschinenpark auf großzügigen norddeutschen Höfen und betrieben nebenher noch ein Lohnunternehmen. Ein fröhlicher Mensch stand mit Gummistiefeln und dem Lehrling inmitten seiner hundertköpfigen 10000-Liter-Herde, während die Ehefrau als Studienrätin im Gymnasium der nächsten Stadt unterrichtete. Die Landwirtschaft zeigte Vorbilder und motivierte sich gegenseitig.

Nach der Gesundheit von Mensch und Tier fragte man selten. Und so kam es, zuerst im Verborgenen, zunehmend zu Überforderungszuständen bei Betriebsleitern und ihren Familien. Während solider gestrickte Berufskollegen souverän an ihnen vorbeizogen, hatten sie, mit ihren vergleichsweise wenigen Tieren, alle Hände voll zu tun. Zuerst versuchte man, mit Beratungsdiensten und Maschinenringen, Zeitmanagementseminaren und Fachtagungen vieles auszugleichen und aufzuholen. Trotzdem konnten viele Bauern diesem Größenwettlauf nicht folgen. Für nicht wenige kamen neue gesetzliche Haltungsvorgaben und Tierschutzregelungen oder schlechte Preise gerade recht, um einen Grund zur Aufgabe ihrer Tierhaltung vorweisen zu können. Vielen wurde dadurch eine Last von den Schultern genommen und sie gewannen Lebensqualität und auch Lebensfreude zurück. Die Verbleibenden zeigten die gleiche Freude, wenn sie ihren Betrieb vergrößern konnten.

Der Begriff „Strukturwandel" wurde erfunden. Er bedeutet: Wachsen wollende Bauern und auch die landwirtschaftlichen Abnehmer sind dankbar für frei werdende Flächen und größere Einheiten. Somit haben wir zwar eine Abnahme von jährlich 2,5 Prozent der landwirtschaftlichen Betriebe, aber dennoch einen beachtlichen Produktionszuwachs bei Milch und Fleisch.

Die modernen Produktionsformen sind intensiv durchstrukturiert. Sie verlangen einen enormen körperlichen und psychischen Einsatz. Und vor allem verlangen sie, um täglich produktive Entscheidungen treffen zu können, eine distanzierte Einstellung zu den Tieren. Die Remontierung, also die ständige Erneuerung von produktionsfähigen Sauen oder Kühen, wurde zu einem der wichtigsten Fachbegriffe. Das Einzeltier zählt nicht mehr, es zählt das System.

Die ständig wachsenden Betriebsgrößen sind zunehmend an die Persönlichkeit des Betriebsleiters gebunden. Große Denkweisen sind gefragt. Die technischen Möglichkeiten sind dazu heute nahezu unbegrenzt. Und die neuen Generationen, die von den Fachschulen kommen, können rechnen. Sie halten den Betrieb finanziell, produktionstechnisch und arbeitswirtschaftlich mit iPhone und Laptop in der Balance und bauen sich dazu noch eine Biogasanlage.

Unser Bauernhof liegt in einem Teilort von Blaufelden auf der Hohenloher Ebene zwischen Jagst und Tauber. Heute ist dies eines der intensivsten Veredelungsgebiete Deutschlands. Er wurde 1962 als klassischer Gemischtbetrieb mit 15 Kühen, 15 Muttersauen und vielleicht 30 Mastschweinen 250 m vom Mutterort Wittenweiler entfernt ausgesiedelt.

Im Grunde wollte mein Vater Förster werden. Er besuchte in den Kriegsjahren das Gymnasium in Crailsheim. Auf dem Hof war bereits sein ältester Bruder Bauer und lebte dort mit Frau und Tochter, zwei Brüdern und den Eltern. Doch die beiden älteren Brüder meines Vaters wurden zur Wehrmacht eingezogen und kehrten nicht mehr aus Russland zurück. So musste der Jüngste mit seinem auch nicht mehr jungen Vater den Hof weiterführen. Die Kriegsgeneration wurde nicht nach ihren Neigungen und Talenten gefragt.

Mein Großvater war ein Viehzüchter vor dem Herrn. Er war lieber im Stall als im Haus und beschickte in den fünfziger Jahren die umliegenden Zuchtviehmärkte mit Bullen und Kühen. Kein sonntäglicher Besucher kam um einen Gang in den Stall herum.

Meinem Vater und meiner Mutter dagegen ist die Tierhaltung immer etwas schwer gefallen. Aber sie hatten keine Alternative. Unsere ganze Familie hatte mit 30 ha, 18 Kühen und 20 Sauen alle Hände voll zu tun. Ich war der Älteste von sechs Kindern und wurde Bauer – man brauchte dringend eine Arbeitskraft. Nun wurde es arbeitswirtschaftlich etwas entspannter. Aber schon das Fremdlehrjahr und die Bundeswehr brachten wieder Engpässe. Nach meinem Fachschulbesuch errichteten wir im

Jahr 1982 einen Abferkelstall und bauten den Viehstall um. 60 Sauen und 30 Milchkühe waren damals eine ordentliche Größe. Aber obwohl alles versucht wurde, war ich war mit den biologischen Leistungen unserer Tiere nie so ganz zufrieden. Die aufgezogenen Ferkel je Sau lagen ebenso wie die Milchleistung der Kühe immer nur so im Mittelfeld. Und mit der Arbeit wurden wir auch nie richtig fertig. Aber ich hab's gerne gemacht und blickte optimistisch in die Zukunft. Wir gaben uns richtig Mühe mit der Ausbildung, besuchten Kurse, lasen Fachmagazine und traten dem Beratungsdienst bei. Aber ich kam einfach nicht so richtig weiter. Immer hatte ich das Gefühl, die Tiere hatten uns und nicht wir die Tiere im Griff.

Meine Mutter zog sich mit fünfzig Jahren aus der Landwirtschaft zurück und arbeitete bis zu ihrer Rente in einem Drogeriemarkt.

Ich erinnere mich noch genau an die Zeit Anfang der neunziger Jahre – die Zeit unserer ersten großen Entscheidungen. Die Tierhaltung um uns herum veränderte sich ständig. Gemischtbetriebe gaben die Milchviehhaltung auf und verdoppelten die Muttersauen. Ferkelerzeuger stiegen in die angeschlossene Schweinemast ein.

Milchviehhaltung aufgeben, Sauen verdoppeln und die eben angefangene Saatgutvermehrung von Blumen, Kräutern und Gräsern ausweiten war der Plan für die Zukunft unseres Hofes. Also zogen meine Frau und ich los und besichtigten so richtig große, gut geführte und erfolgreiche Sauenbetriebe. Tief beeindruckt saßen wir eines Morgens vor unserer Kaffeetasse und mussten erkennen: Das können wir nicht! Die eigene

bäuerliche Sauenhaltung war von dieser Perfektion meilenweit entfernt. Unsere Persönlichkeiten passten nicht zu solchen Betriebsgrößen und Abläufen.

Aber so leicht gaben wir uns nicht geschlagen: „Dann machen wir eben Kühe!" Aber hier zeigte sich dasselbe in Muh! So weiteten wir die Saatgutvermehrung aus und ließen erst mal alles so, wie es war. Saatgutvermehrung, das war mein Ding. Das war ein Betriebszweig, hinter dem ich mit ganzer Seele stehen konnte.

Anfang der neunziger Jahre erschütterten Seuchen wie Schweinepest und Aujetzky'sche Krankheit die Tierhaltung. Es gab Keulungen und Totalsanierungen. Hier trennten sich dann vollends die Wege in der Landwirtschaft. Während die einen Betriebsleiter gar nicht wahrhaben wollten, was da geschah, sanierten die Profis ihre Bestände, ohne mit der Wimper zu zucken, durch und ließen sich den Schaden von der Tierseuchenkasse erstatten. Während die einen noch ihren Tieren nachtrauerten, waren die Ställe der anderen schon wieder voll in der Produktion.

Das war das Schlüsselerlebnis! Wir gaben die Sauenhaltung auf und gründeten 1994 zusammen mit Partner Ernst Rieger und seiner Frau Birgit die Rieger & Hofmann GmbH, ein Vertriebsbüro für den von uns erzeugten Kräuter- und Grassamen. Ernst Rieger ist ein Visionär. Er hatte die Vision, Ausgleichsflächen für Baugebiete, Verkehrswege und auch Privatflächen mit heimischen Wildpflanzen zu begrünen. Dazu war viel Entwicklungs- und Überzeugungsarbeit notwendig. Er war genau der richtige Mann am richtigen Ort. Flexibel und belastbar und jedes Jahr mit neuen Ideen. Mitten im intensivsten Veredelungsraum hatte er mit Tieren überhaupt nichts am Hut, er machte sein eigenes Ding – und wir mit ihm.

Unsere Kühe liefen als finanzielles Fundament nebenher, während das ganze Engagement in die Wildpflanzen floss. Vierzehn Jahre führten wir die Firma zusammen, dann kam der Sohn Johannes Rieger dazu. Für uns war absehbar, dass wir keinen Betriebsnachfolger haben würden, und so stiegen wir aus der GmbH aus. Wir haben einen guten Weg gefunden und arbeiten bis heute zusammen, darauf sind wir auch ein bisschen stolz. Wir vermehren Gräser und Leguminosensaatgut für Rieger & Hofmann. Wir ernten und trocknen es, bereiten es auf und liefern palettenfertige Ware von über 60 Arten an unsere frühere Firma. Meine Frau arbeitet als Schnittstelle noch stundenweise in der GmbH und erstellt Angebote.

Mit Mitte fünfzig kam dann für mich die nächste Entscheidung: Ich habe die Kühe immer gerne gemacht, jetzt aber war die Stalltechnik verbraucht. Wir hatten einen damals modernen Anbindestall mit Flüssigmist, Absauganlage und Futtermischwagen. Jetzt war aber vieles 25 Jahre alt und eine Generalsanierung dringend notwendig. Wasserleitungen, Stalleinrichtung und die elektrische Anlage hielten einen ständig auf Trab. Aushilfen und Betriebshelfer musste man in Improvisationen und Übergangslösungen einweisen. Urlaub und freie Tage mussten immer längerfristiger geplant werden. Krank werden – schwer möglich.

Es war mir immer klar, dass die Kühe einmal gehen würden. Dann kam alles ganz schnell. Unser festangestellter Mitarbeiter verließ uns im Januar 2013. Morgens hing ein Zettel an der Türe: „Es liegt nicht an Euch, aber diese Arbeit ist auf Dauer nichts für mich." Er hatte zwar mit Kühen nichts am Hut, stellte mich aber für viele Arbeiten im Stall frei. Das Frühjahr stand vor der Tür. Eine Entscheidung musste her. So wurde ab diesem Zeitpunkt keine Kuh mehr besamt. Es gab nach wie vor Geburten, Milch und Heumachen. Aber die Kühe wurden immer weniger. Die Abläufe waren unterbrochen und nichts funktionierte mehr so richtig. Als dann Ende Oktober die letzte Milchkuh den Stall verließ, waren noch das weibliche Jungvieh und die Limpurger Ochsen da. Es machte immer noch „Muh", und so war es überhaupt nicht schlimm.

Die größte Überraschung in der Zeit danach war für mich zu erkennen, wie lang eigentlich ein Tag sein kann, wenn nicht ständig im Stall etwas los ist. Es kommt kein Tierarzt und kein Klauenschneider, kein Melkmaschinenmonteur und kein Zuchtwart, kein Milchkontrolleur und kein Viehhändler. Ich muss keinen Klauenstand holen und keine Kälber enthornen, keine Kanäle spülen und Kälberboxen ausmisten, keine Zitzengummis wechseln und es gibt keine Kontrollen vom Veterinäramt. Es gibt keine nervlichen Belastungen durch festliegende Tiere, Schwergeburten und Fruchtbarkeitsprobleme. Und das alles musste ja vorher neben der Wildpflanzenvermehrung passieren.

Ich hab's immer gerne gemacht. Aber jetzt erkannte ich: Trotz der wirtschaftlich wichtigeren Saatgutvermehrung haben die Kühe den Rhythmus unseres Lebens bestimmt. Der ständige Betreuungsaufwand ist bei dreißig Kühen nicht viel niedriger als bei sechzig. Sie haben mit großer Selbstverständlichkeit immer dann gekalbt, wenn wir auf einen Tanzkursabschlussball wollten. Wenn man wiederkam, hatte bestimmt eine die Kette abgerissen und die Kraftfutterkarre leer gefressen, sodass man am nächsten Tag einen massiven Tierarzteinsatz einkalkulieren konnte. Das Jungvieh ist immer dann aus der Weide ausgebrochen, wenn nur die Oma zu Hause war. Und wenn, dann war es der erste Weihnachtstag oder der Neujahrsmorgen, an dem wir kein Vakuum auf der Melkmaschine hatten. Man lebte zwischen Milchquote und Milchkontrollbericht, zwischen Schlachtviehabrechnungen und Milchpreis. Wir waren beim Milchstreik genauso voll dabei wie bei Veranstaltungen unserer Hohenloher Molkerei. Die Kühe waren morgens unser Erstes und abends unser Letztes.

Nur eines fehlt mir heute. Früher konnten wir bei sonntäglichen Verwandtschaftsbesuchen so gegen halb fünf immer unruhig auf dem Stuhl herumrutschen, sich dann, unter großem Bedauern der übrigen Anwesenden, verabschieden, um nach den Kühen zu sehen. Heute muss ich bis zum Ende bleiben. Ich bin das lange Sitzen einfach nicht gewohnt. Auch bei Hochzeitseinladungen tat so eine Stunde Arbeit bei frischer Luft und Bewegung am Abend immer gut.

Ich kann durchaus mit moderner Tierhaltung leben. Ich weiß, dass es Milchkühen in modernen Ställen besser geht als den Kühen in unserem Anbindestall. Auch ist die Sauenhaltung auf einem ganz anderen Tierschutzniveau als noch vor Jahren. Schwer tue ich mich nach wie vor mit dem großtechnischen Mästen von Schweinen und Geflügel, dem Transport und der Schlachtung. Das ist eine eigene industrielle Welt, in der Tiere Material sind, in der es noch Verbesserungen geben muss und wird.

Die undurchschaubaren Strukturen bei den Schlachthöfen und dem internationalen Fleischhandel waren mir schon immer fremd und unheimlich. In Deutschland werden im Jahr 56 Millionen Schweine geschlachtet und in Teilen über die ganze Welt verteilt. Die edleren Teile bleiben in Europa, die fetteren Stücke werden nach Osteuropa exportiert. Für den asiatischen Raum gibt es in den Schlachthöfen die sogenannten „'chen-Abteilungen": Öhrchen, Näschen, Beinchen, Schwänzchen.

Aber ich bin auch Bauer von Beruf. Ich habe großen Respekt vor Betriebsleitern, die diese großen Einheiten überschauen und handeln können. Veredelungsbetriebszweige jedoch können ihre Besitzer völlig vereinnahmen.

In der Tierhaltung ist es wichtig zu wissen, in welcher Liga man spielt. Das sagt einem niemand – im Gegenteil. Man sieht ständig expandierende Betriebe um sich herum und wird getrieben. Wer nicht erkennt, dass er, nur um mitzuhalten, wächst, muss scheitern. Wer für die Regionalliga vorgesehen ist, wird die Champions League nicht packen. Große Tierhaltungen sind hier gnadenlos. Man darf sich hier von schönen, großen Ställen und der scheinbaren Entspanntheit, die darüberliegt, nicht täuschen lassen. Paradiese werden in der Regel von außen betrachtet.

Wir haben auf unserem Hof nach wie vor Tiere. Fünfzehn Limpurger Rinder für die Selbstvermarktung, Pommerngänse, die Ziegen und Hasen unserer Tochter und zwei Esel, die wir einmal geerbt haben. Alle Tiere, außer den Eseln, werden auch geschlachtet und gegessen. Nur so kann es immer wieder Junge geben und die Population gesund bleiben. Auch ein bis zwei Schweine schlachten wir im Jahr. Die kaufen wir dann von einer befreundeten Familie zu.

Wir halten es mit Wilhelm Busch:

„Ein kluger Mensch verehrt das Schwein, er denkt an dessen Zweck.

Von außen ist es ja nicht fein, doch drinnen sitzt der Speck."

Wenn ich heute einen Limpurger Ochsen zum Metzger bringe, dann kann ich das. Wir haben eine Einrichtung, um ihn ordentlich zu verladen, und der Transport beträgt fünf Kilometer. Der Metzger ist ein guter Handwerker, der zuerst mit ihm spricht und einen guten Bolzenschuss setzen kann. Wenn das Tier dann liegt und der Kopf weg ist, ist es Fleisch. Metzger sind einfach andere Typen als Herrenschneider. Das habe ich in meinem Leben gelernt und das gehört zu meinem Beruf.

Der Mensch ist das einzige Lebewesen, das Mitleid mit seiner Beute hat.

Und jetzt freue ich mich auf unser erstes Samenbau-Frühjahr ohne Milchkühe. Ich bin überzeugt, ich kann das ausfallende Milchgeld durch einen professionelleren Anbau von Wildpflanzen auffangen. Zumal ja jetzt auch noch die freiwerdenden Flächen der Tierhaltung genutzt werden können. Vierzig Hektar Saatgutvermehrung – unser Betrieb ist nicht weniger geworden, im Gegenteil, er wird sogar intensiver, hat aber eine klarere Struktur und mehr Freiräume. Wir haben, nach einem wilden Leben, unseren Platz gefunden, offen für das und den, der da noch kommt.

Und ich weiß, die Kühe sind auch noch da. Sie sind nur nicht mehr bei uns. Die hat halt jetzt ein anderer.

Uschi Braun, Straußenfarmerin in Rheinland-Pfalz

Straußenpsychologie

Ein heißer Sommertag geht zu Ende, die Umweltgeräusche ebben ab, eine Straußenfamilie hat sich gemütlich auf ihrem Sandplatz niedergelassen. Ganz langsam pirsche ich mich heran, um die Tiere nicht aufzuschrecken. Ich setze mich zu ihnen, als wäre ich eine von ihnen. Wir schauen uns reglos an, ich genieße ihre Präsenz, ihre Schönheit: mächtige Vögel mit großen, ständig aufmerksamen Augen und breiten Schnäbeln, die immer ein bisschen zu lächeln scheinen. Ich freue mich an ihrem Anblick und fühle Dankbarkeit für diesen Moment, diese Belohnung für all die Mühen des langen Tages. Ganz leise und ruhig spreche ich mit den Straußen. Sie lieben meine Stimme, manchmal halten sie den Kopf etwas schief, als könnten sie dann noch besser lauschen. Und ich liebe diese ungeheure Vertrautheit.

Man sollte viel öfter innehalten und zur Ruhe kommen, so wie jetzt. Aber wir haben so viel Arbeit, die wirklich nie aufhört. Die Straußenfarm sollte damals, vor 20 Jahren, meinem Mann und mir eigentlich ein selbstbestimmteres, sinnerfüllteres und auch weniger hektisches Leben ermöglichen. Aber sie hat ganz schnell eine Eigendynamik entwickelt, der wir uns mehr oder weniger „gefügt" haben: Schon wenige Monate nach dem Start boten wir Führungen für Gruppen an, denn wir wurden ohne unser Zutun von Besuchern mit tausend Fragen zu unseren Tieren bestürmt. Wir eröffneten einen Farmladen, in dem bald auch ein ergänzendes Sortiment zugekaufter Waren zu finden war. Und da die Besucher unsere Produkte natürlich gerne gleich vor Ort probieren und in dem besonderen Ambiente der Farm auch gerne verweilen wollten, haben wir inzwischen auch noch ein Restaurant. Aus unserer ursprünglichen Absicht, einfach nur ein gesundes, gutes Fleisch zu produzieren und zu verkaufen, ist ein „agro-touristisches" Unternehmen mit inzwischen zwanzig Mitarbeitern geworden.

ganz anders „drauf" sein. Man muss immer beobachten, mit ihnen mit-denken, mit viel Straußenpsychologie ans Werk gehen, um erfolgreich mit ihnen zu arbeiten.

Die Versorgung der Zuchttiere erfolgt bei uns relativ „archaisch": Ein Traktor fährt einmal täglich von Unterstand zu Unterstand und bringt frisches Wasser und ein wenig Zusatzfutter, eine Getreidemischung, die wir selbst mischen, auf die jeweiligen Ernährungsbedürfnisse abge-stimmt. Unsere Tiere sollen schließlich auch Leistung bringen, und etwa 50 Eier pro Henne und Saison mit einem Gewicht von 1500 bis 2000 g verbrauchen Körperresourcen. Zwei- bis dreimal pro Sommer werden die Weiden auch gemulcht.

Technisch weit aufwendiger und arbeitsintensiver ist die Kükenproduktion und Aufzucht. In unserer Brutmaschine mit 600 Eiplätzen herrscht von Februar bis Oktober ein reges „Kommen und Gehen": Wöchentlich werden frische Eier eingelegt, und wöchentlich werden schlupfreife Eier entnommen und in den Schlupfbrüter im Raum nebenan umgelegt. Auf der Höhe der Legezeit, wenn die meisten Hennen gleichzeitig in der Produktionsphase sind, können innerhalb von zwei, drei Tagen bis zu sechzig neue Küken schlüpfen mit bereits einem Körpergewicht von etwa einem Kilo.

Während die Routinearbeiten auf der Farm inzwischen von Mitarbeitern übernommen werden, bleibt die Brut allein meine Aufgabe. Hier muss sehr hygienisch und mit viel Gespür gearbeitet werden. In der Schlupfphase durchleuchte ich mehrfach täglich jedes einzelne Ei, überwache die Fortschritte und helfe bei Bedarf. Kükenschlupf bedeutet: lange Tage und großer emotionaler Kraftaufwand. Denn möglichst jedes kleine Wesen soll heil und gesund aus dieser harten Schale kommen!

Nach zwanzig Jahren Erfahrung sind Ausfälle minimalst, und die Küken strampeln sofort kräftig in meiner Hand, sobald die hindernde Schale entfernt ist. Sie wollen „loslegen", und man kann ihnen beim Wachsen förmlich zuschauen. Morgens stürmen sie aus ihrem Stall und hüpfen und tanzen vor Freude, wenn sie auf die Weide dürfen. Ihre Fröhlichkeit ist ansteckend! Kann man einen Tag schöner beginnen? Unsere Kükenbetreuerin ist als Elternfigur voll akzeptiert und wird im Übrigen von den meisten Besuchern um ihren Job beneidet. Was die natürlich nicht sehen: Die meiste Arbeit im Kleinkükenbereich besteht aus putzen, saubermachen und nochmals putzen!

Abends kuscheln sich die Küken ins Stroh, legen die Hälse ab und sind müde und zufrieden. Wenn ich mit ihnen spreche, fangen sie an, mit ihren Flügelchen kleine Ruderbewegungen zu machen. Sie „baden" in meiner Stimme! In solchen Momenten fehlt mir eigentlich nichts.

Oder doch? Ab und zu schleicht sich doch wieder der Stich in die Seele. Als vitale, schöne Jährlinge werden die meisten dieser Tiere ihr Leben lassen müssen, damit wir leben können und alle, die bei uns arbeiten. Kann ich das? Darf ich das? Diese Frage kann ich vor mir selbst wahrscheinlich nie abschließend klären. Inzwischen ziehen andere Landwirte die meisten unserer Küken nach unseren Vorgaben für uns auf, schlachten sie auch und schicken die Produkte an uns zurück.

Damit ist das Thema zwar ein Stück weit von mir entfernt, aber eben auch nur verlagert. Die Emotion sagt etwas anderes, und ich muss den Verstand bitten, mir zu helfen: Es ist die Bestimmung dieser Tiere. Sonst wären sie gar nicht auf der Welt. Überall in der Natur lebt ein Wesen vom anderen, braucht eins das andere.

Der Mensch ist da keine Ausnahme. Aber er hat in meinen Augen dafür zu sorgen, dass aus „brauchen" kein Missbrauch wird. Das zumindest kann ich gewährleisten: Ich ruhe nicht, bevor sich nicht meine Tiere wohlig zur Ruhe betten können. Ich bin bedrückt und besorgt, wenn ich einen Patienten habe. Wenn ein Tier verletzt ist, schone ich mich nicht, bevor ich nicht alles in meiner Macht Stehende für dieses Tier getan habe. Ich leide mit, wenn wir Tiere verladen und stressen müssen oder wenn einzelne Tiere durch plötzliche Unverträglichkeiten in der Gruppe Druck bekommen. Ich übernehme die Verantwortung, und die drückt bisweilen schwer. So schwer, dass ich mich dann doch wieder frage, ob die Journalistin tatsächlich hat Landwirtin werden sollen.

Dabei ist die Landwirtschaft nur eine unserer vielen Verantwortungen. Mein Mann und ich müssen alle Betriebszweige am Laufen halten und fortentwickeln: Arbeitspläne für die Mitarbeiter erstellen, für Produktentwicklung, Warennachschub und -optimierung sorgen, für entsprechende Präsentation im Laden und im Restaurant, Speisekarten festlegen, Veranstaltungen und Messeauftritte organisieren, Besuchergruppen koordinieren, Werbemaßnahmen konzipieren, internationale Kooperationen pflegen, Sachkundeseminare in Sachen Straußenhaltung durchführen ... Alle Kreativität kann hier einfließen, und wenn alles klappt und läuft, wenn die Kunden begeistert sind, dann ist das ungeheuer befriedigend für uns. Aber dieses Unternehmen braucht unsere ganze Kraft, und wir müssen auch auf vieles verzichten: auf Muße, Sonntage mit Freunden, häufige Urlaube ...

Neulich, bei einer späten Talkshow im Fernsehen, fragte der Moderator einen Gast, was er denn im Leben am meisten bereue. Mein Mann und ich schauten uns spontan an – und uns fiel erstmal nichts ein.

Maria Breische, Schweinehalterin in Nordrhein-Westfalen

Die Milchbar ist eröffnet

Ich wollte nie einen Schweine-Bauern heiraten. Dieser Vorsatz war alt und ernst gemeint. Ich fasste ihn während meiner Ausbildung im Haus Düsse. Dort wurde damals allen Auszubildenden der ländlichen Hauswirtschaft in einem zweiwöchigen Lehrgang der Umgang mit Kühen und Schweinen beigebracht, um sie auf ihr späteres Bäuerinnenleben vorzubereiten. Es war die Zeit, in der man dazu überging, die Ferkel schon am dritten Lebenstag zu kastrieren. Das war für mich die Schwelle, über die ich nicht drüberkonnte: neugeborene Ferkel zu kastrieren. Bis heute nicht!

Aufgewachsen bin ich mit meinen vier Geschwistern in Münster auf einem Bauernhof. Die Abschlachtprämie in den 70er Jahren hatte dazu geführt, dass die Kühe den Stall verlassen hatten, bevor er in meinem Gedächtnis auftauchte. Der Milchviehstall war schon für Bullen und die Schweineställe zu Kälberbuchten umgebaut, als ich mit meinen Geschwistern zum Kälbertränken eingeteilt wurde. Kälber, die damals in Gruppen zugekauft wurden, gerade abgesetzt von ihren Müttern, und die wir Kinder mit Nuckeleimern tränken sollten. Es war jedes Mal etwas Besonderes, wenn wieder eine Gruppe mit kleinen Kälbern neu ankam. Und jedes Mal war dabei auch mindestens ein Problemfall, ein Kalb, das den Gumminuckel als Tausch gegen die Euterzitze nicht akzeptieren wollte. Wir Kinder kannten die Tricks, um diese Kälber doch irgendwie zu überlisten. Mit Daumenlutschen und vielen Versuchen, den Daumen möglichst unauffällig gegen den Nuckel zu tauschen, klappte es immer wieder und wir waren stolz, mal wieder ein Kalb gerettet zu haben. Vielleicht war es aber auch nur der zunehmende Hunger des Kalbes, der es notgedrungen doch irgendwann am Nuckel saugen ließ.

Ein weiterer Einsatz von uns Kindern war gefordert, wenn die Mastbullen auf die einen Kilometer entfernt gelegene Weide getrieben wurden. Dazu mussten sie unter Begleitung aller Familienangehörigen eine Straße entlang in Schach gehalten werden. Angst vor den Tieren hatte ich nicht. Noch nicht mal vor den schweren Mastbullen. Vielleicht weil ich nie eine schlechte Erfahrung gemacht hatte, aber sicher auch, weil mir von klein auf beigebracht worden war, wie ich mit ihnen umzugehen hatte: nämlich immer ruhig und vorsichtig an die Tiere heranzutreten, immer mit ihnen zu reden und sie niemals zu erschrecken.

Mein Aufwachsen auf einem Bauernhof habe ich in überwiegend guter Erinnerung. Natürlich hat es mich – wie alle anderen Bauernkinder in dieser Zeit – gestört, dass wir nie mit unseren Eltern in Urlaub fahren konnten. Die Tiere mussten eben gefüttert werden, daran war nichts zu ändern.

Stattdessen durfte ich in den Ferien immer einige Tage zu meinem Großvater, der ebenfalls einen Hof hatte. Es war trotzdem herrlich! Jeden Morgen nach dem Aufstehen war mein erster Gang zur Kuhweide, die direkt hinter dem Stall lag. Dort war meine Tante um diese Zeit immer am Kühemelken. Diese Morgenstimmung auf der Weide war für mich der Inbegriff von heiler und behüteter Welt. Der letzte Schluck kuhwarmer Milch, den mich meine Tante immer aus dem Milchseiher trinken ließ, war köstlich. Noch heute schmeckt kuhwarme Milch nach Ferien!

Sogar den allwinterlich wiederkehrenden Schlachttag auf unserem Hof habe ich in guter Erinnerung. Dazu wurde immer ein Schwein zugekauft. Ein Metzger aus dem Nachbardorf kam frühmorgens und alleine seine Anwesenheit machte den Tag schon zu etwas Besonderem. Das geschäftige Treiben im Haus, in das wir Kinder ganz selbstverständlich eingebunden waren, gefiel mir. Lediglich beim Töten des Schweines durften wir nicht mit dabei sein, das wollte unser Vater so. Doch

schon wenige Augenblicke, nachdem der Schuss des Bolzenschussgerätes verklungen war, durfte ich mithelfen. Das Blut mit einem großen Schneebesen zu rühren, damit es sich nicht absetzt, war meine Aufgabe. Natürlich habe ich darauf geachtet, dass meine Finger nicht mit dem Blut in Kontakt kamen, aber wirklich eklig fand ich es nicht. Auch rohes Fleisch in Gefrierbeutel zu packen war für mich nicht schlimm. Es gehörte einfach dazu, so wie der Schlachttag zum Winter und das Töten eines Schweines zum Sattwerden gehörte.

Meine Eltern legten großen Wert darauf, dass die Tiere für unseren Lebensunterhalt bestimmt waren und nicht zu Kuscheltieren wurden.

„Nicht darüber nachdenken, es einfach tun!" war die oft und gerne gebrauchte Anweisung meiner Eltern, wenn wir Kinder eine Arbeit in Frage stellten oder gar Widerstand ankündigten.

Wobei mein Widerstand in Bezug auf Arbeiten erledigen eher spärlich war. Nicht, weil die Aussicht ohnehin gering war, damit etwas erreichen zu können, sondern weil ich die Arbeit wirklich gerne tat. Meistens jedenfalls. Ich konnte mir sogar vorstellen, Bäuerin zu werden, und musste noch nicht einmal in diesem Punkt meinen Eltern Widerstand leisten. Sie hätten mich gerne als Bäuerin auf einem Hof gesehen, damit ich gut versorgt wäre. Und allerspätestens, als ich bei der Beerdigung meiner Großmutter Brigitte kennenlernte, stand für mich mein Traumberuf fest: Ich wollte Betriebshelferin werden wie Brigitte, die nach dem Tod meiner Großmutter vorübergehend deren Arbeiten und Aufgaben übernahm. Kochen, backen, putzen, Garten und Tiere versorgen – dass man all das auch zum Beruf machen konnte, begeisterte mich. Das wollte ich auch!

Die Zeit der Ausbildung war eine gute Zeit. War ich zuvor als Bauerntochter in einer Stadtschule immer die Außenseiterin, so war ich in der Berufsfachschule für Hauswirtschaft plötzlich unter meinesgleichen. Hier musste ich niemandem mehr erklären, was ich mit „Kartoffellegen" oder „Kartoffelsammeln" meine – hier wussten das alle!

Entgegen all meinen guten Vorsätzen heiratete ich einen Schweinebauern! Verliebt hatte ich mich in einen netten jungen Mann, die Schweine nahm ich in Kauf. 97 Muttersauen mit ihren Ferkeln, die zudem alle auf dem Hof gemästet werden. Mehr als zweieinhalbtausend geborene Ferkel im Jahr! Allein aus diesen Zahlen ergibt sich meist schon die Frage: Kann man bei so vielen Tieren noch eine Beziehung zu den Tieren haben? Ja – man kann! Es ist aber eine Beziehung zu Tieren, die sich für mich von einer Beziehung zu Menschen unterscheidet. Es sind Nutztiere und keine Kuscheltiere. Denn wenn ich zu den Ferkeln eine innige Beziehung aufbauen würde, könnte ich sie später nicht schlachten lassen. Und trotzdem freue ich mich, wenn die Tiere gesund und munter sind. Ich bin für das Füttern der Sauen und Ferkel zuständig und mache es mit einer Leidenschaft, die ich mir selbst nicht zugetraut hätte.

Um sechs Uhr beginnt mein Tag. Ich habe mir angewöhnt, nach dem Aufstehen gleich in den Stalloverall und die Gummistiefel zu schlüpfen und nüchtern in den Stall zu gehen. In den Wintermonaten ist es draußen noch tiefe Nacht und mucksmäuschenstill, wenn ich durch den Hinterausgang auf den Hof gehe. Auch wenn ich den Weg zum Stall blind finden würde, mache ich das Hoflicht an. Ich brauche Licht. Noch einmal in der frischen Luft tief durchatmen und die Stille genießen, bevor der Hof aus dem Schlaf erwacht. Ich gehe quer über den Hof, vorbei am Hofladen und am „Künast-Stall" – unserem ältesten Stallgebäude, das während der Amtsperiode der grünen Agrarministerin Renate Künast zu einem Vormast- Stall mit Stroheinstreu umgebaut wurde.

Die Stille in den Ställen ist ein gutes Zeichen. Jede Unruhe zu dieser Zeit bedeutet Alarm, dass irgendetwas nicht stimmt. Sobald ich die Tür zum Vorraum öffne, werden die Tiere aufmerksam und es dauert nur noch wenige Augenblicke, bis sich das Grunzen der Sauen und das Quieken der Ferkel zu einem ohrenbetäubenden Lärmpegel verdichtet. Ich bleibe einen Moment stehen, um zu hören, ob das Quieken „normal" ist. Ich kann jedes „Hilfe"-Quieken von einem normalen „Schmacht"-Quieken unterscheiden. Erst wenn ich sicher bin, dass es nirgendwo Alarm gibt, setze ich meine Kopfhörer auf, um den alles durchdringenden Oberton dieses Quiekens abzudämpfen.

Im ersten Abteil des Stalles sind die tragenden Sauen in Gruppenbuchten. Sie werden alle von Hand gefüttert. Das ist vielleicht altmodisch, hat aber den Vorteil, dass ich dabei sofort erkenne, ob alle Sauen fit sind. Ich schiebe den Mehlwagen durch den Mittelgang und teile jeder Sau mit einer Mehlschippe zwischen eineinhalb und zwei Kilo Futter zu, je nachdem, ob sie nieder- oder hochtragend ist. Zuvor stelle ich die automatische Wasserzufuhr ab, die dafür sorgt, dass immer ein bestimmter Wasserstand im Trog erhalten bleibt. Damit vermischt sich das Mehl mit dem Wasser, wird ein dickflüssiger Brei und ich kann sehen, ob jede einzelne der Sauen ihre Ration frisst. Erst wenn der Trog sauber leer gefressen ist, lasse ich wieder Wasser einlaufen. Dabei darf ich mich von nichts ablenken lassen. Diese Arbeit muss flink durchgeführt werden, damit die letzte Sau hinten im Stall ihre Ration bekommt, bevor die erste vorne leer gefressen hat. Sonst kann es durchaus vorkommen, dass diese versucht, eine zweite Ration zu ergattern, indem sie die hinterste von ihrem Trogplatz abdrängt.

Wir haben im Stall einen Drei-Wochen-Rhythmus. Das bedeutet, dass wir alle drei Wochen Besamungen und Geburten haben und Ferkel abgesetzt werden. Damit können wir auch mit Ammen arbeiten. Wenn Sauen mehr Ferkel bekommen, als sie säugen können, sprich: als sie Zitzen haben, versuchen wir, diese einer Sau mit guter Milchleistung, deren eigene Ferkel kurz vor dem Absetzen sind, „unterzuschieben". In den meisten Fällen klappt dies auch.

An Geburtentagen ist mein erster Gang immer zu den Sauen. Diese stehen in Einzelbuchten und zum Schutz ihrer Ferkel in einem Kastenstand. Für die Ferkel gibt es eine Ecke mit Fußbodenheizung als Liegefläche; eine Hanfmatte hinter der Sau sorgt dafür, dass die Ferkel bei der Geburt weich „landen". Von oben spendet eine Rotlichtlampe wohlige Wärme. An diesen Tagen kontrollieren wir den Abferkelstall stündlich bis zum letzten Stallrundgang um 23 Uhr. Wenn mein Mann und ich wichtige Termine haben, kann es schon mal vorkommen, dass die Kinder diese Kontrollgänge übernehmen. Nur bei Schwergeburten bleiben entweder ich oder mein Mann durchgehend dabei – was durchaus auch mal eine halbe Nacht dauern kann. Ansonsten zähle ich ca. jede Stunde einmal die geborenen Ferkel, um zu sehen, ob der Geburtsvorgang vorangeht oder ins Stocken gekommen ist. Dies passiert, wenn die Geburtswehen zu schwach oder die Ferkel zu groß für die Beckengröße der Sau sind. Dann heißt es, Overalllärmel aufkrempeln, langen Geburtshandschuh bis zu den Schultern überziehen, die Hand mit einem speziellen Gleitgel einreiben, mich hinter die Sau knien und vorsichtig die Hand in den Geburtsweg schieben. Na, ich weiß noch, wie ich es das erste Mal gemacht habe. Hier half mir der Spruch meiner Eltern: Nicht nachdenken, sondern es einfach machen! Wenn man dann dem ersten Ferkel auf die Welt geholfen hat, ist das ein tolles Gefühl.

Nebenbei werfe ich ein prüfendes Auge darauf, ob alle Ferkel an die Zitzen kommen. Die schönste Musik in meinen Ohren ist, wenn alle Ferkel an den Zitzen der Sauen liegen und schmatzen. „Die Milchbar ist eröffnet!", kommentierte dies unser Sohn einmal.

Während des Fütterns der Sauen werden die neugeborenen Ferkel in Plastikkörben unter der Rotlichtlampe eingesperrt, damit sie von ihrer Mutter beim Hinlegen nicht erdrückt werden. Die Ferkel gewöhnen sich schnell daran und legen sich dann – immer wenn die Sau zum Fressen aufsteht – von alleine unter die Lampe.

Ab dem dritten Lebenstag fange ich an, die Ferkel „beizufüttern". Erst mit Erstlingsmilch, dann mit Folgemilch, die jeweils aus Milchpulver und warmem Wasser angerührt wird und in Ferkelfutterschalen in den Buchten aufgestellt wird. Ab dem 15. Lebenstag füttere ich Ferkelfutter zu, um die Ferkel auf das Absetzen von den Sauen vorzubereiten. Abgesetzt werden die Ferkel nach durchschnittlich 26 Tagen. Wobei die Sauen den Stall verlassen und in den Stall für die niedertragenden Sauen umgetrieben werden. Die Ferkel bleiben noch in ihren vertrauten Buchten. Der Stall wird nun für die Ferkel wärmer gefahren, bis sie nach weiteren zehn Tagen ebenfalls in den Flatdeckstall (Ferkelaufzuchtstall) umziehen. Nach Größe sortiert kommen sie dort in Buchten zu je 35 Ferkel. Hierfür haben wir eine spezielle Transportkiste für den Gabelstapler.

Die Arbeit in diesem Ferkelaufzuchtstall ist weiter meine Arbeit. Und zwar Handarbeit. Mit 10 kg schweren Eimern muss ich dazu in die Buchten steigen, um die Futterautomaten aufzufüllen. Das Futter wird je nach Gewicht und Alter der Ferkel umgestellt.

Wenn alles gut läuft, bin ich in rund einer Stunde mit dem Füttern der Sauen und der kleinen Ferkeln fertig. Nun frühstücke ich erst in Ruhe, bevor ich zur zweiten Runde nochmals für eine halbe Stunde in den Stall gehe, um die größeren Ferkel zu versorgen. Alle sonstigen Arbeiten übernehme ich nur, wenn „Not am Mann" ist: Zähnchen abschleifen, Eisenpräparat verabreichen, Schwänzchen kupieren … Das Kastrieren und Anbringen der Ohrmarken übernimmt mein Mann. Das mag ich bis heute nicht.

Abends gegen 17 Uhr folgt dann die Fütter-Runde nochmals von vorne. Dazwischen liegt der Haushalt, der Hofladen und meine regelmäßigen Touren nach Münster zu „Irmgards Bauernlädle". Im Hofladen verkaufe ich unsere eigenen Kartoffeln, Wurst in Dosen, Nudeln, Honig und andere selbst gemachten Produkte von befreundeten Marktbeschickern. Während mein Mann und ich im Stallbereich eher Einzelarbeiter sind und nur wenige Arbeiten gemeinsam erledigen, arbeiten wir beim Kartoffelanbau und vor allem beim Sortieren und Absacken meist gemeinsam.

Haben die Ferkel im Flatdeckstall ein Gewicht von ca. 25–28 kg erreicht, werden sie – nun als Läufer bezeichnet – erneut mit Stapler und Kisten umgestallt.

Nun beginnt die Zuständigkeit meines Mannes und ich sehe meine Schützlinge bis zum Ausstallen nicht wieder. Da bin ich dann wieder dabei, wenn alle 10 bis 14 Tage der Händler auf den Hof kommt, um die Tiere zum Schlachten abzuholen. Morgens um 4 Uhr zur ersten Tour, gegen 7 Uhr dann zur zweiten Tour. Alle tags zuvor von meinem Mann blau gekennzeichneten Tiere gehen auf den Anhänger.

Ab und zu erkenne ich beim Verladen einen meiner früheren Schützlinge wieder. Meist wenn – trotz unserer Kreuzung von Pietrain-Eber mit der Hybridzuchtlinie „Tobigs 20-Sauen", die eigentlich helle Ferkel hervorbringen sollten – doch ein schwarz-weißes Ferkel geboren wurde. Wenn ich dieses dann als ausgewachsenes Schlachtschwein beim Verlassen unseres Hofes wiedersehe und es gut geraten und gesund ist, dann freue ich mich. Dann fühle ich mich in meinem Tun bestätigt und ich freue mich auch, mit diesem Schwein etwas zu verdienen, denn davon leben wir!

Pascal Küthe, Schäfer in Nordrhein-Westfalen

Das Wettrennen der Lämmer

Eine ganze Zeit lang bin ich mit einem mulmigen Gefühl zu meiner Herde gefahren, immer in der Angst, ein Tier ohne Kopf vorzufinden. Eines Morgens hatte ich nämlich ein vier Wochen altes Lamm ohne Kopf vorgefunden. Ich war schockiert und hatte zunächst einen wildernden Hund im Verdacht. Aber bei näherer Betrachtung des Torsos fiel mir auf, dass der Kopf samt Hals direkt am Rumpf des Tieres säuberlich abgetrennt war, ohne auch nur einen Tropfen Blut zu hinterlassen. Ein Hund oder auch ein Fuchs hätten Risswunden hinterlassen und wären zuerst an leichter zugängliche Stellen des Tieres gegangen. Es hätten also Verletzungen am Bauch sein müssen. Die Polizei bestätigte meinen Verdacht, dass dies nur von Menschenhand geschehen sein konnte. Was bewegt Menschen, solche Dinge zu machen? Zum Glück ist es bei diesem Einzelfall geblieben.

Was bewegt einen jungen Menschen, sich auf ein Leben mit und vor allem für die Tiere einzulassen? Ich habe einen Nebenerwerbsbetrieb, das Hobby meines Vaters, in den Haupterwerb übergeführt. Dies ist etwas anderes als das Aufwachsen in einer Familie, die seit Generationen einen Hof bewirtschaftet und davon lebt. Aber ein Stück weit ist es mir vielleicht doch mit den Genen weitergegeben worden. Mein Opa hat bis Mitte 30 einen landwirtschaftlichen Pachtbetrieb bewirtschaftet. Nach der Kündigung der Pacht musste er sich eine außerlandwirtschaftliche Beschäftigung suchen. Er hat aber weiterhin ein paar Tiere gehalten. Neben Pferden und Hühnern gesellten sich irgendwann ein paar Schafe dazu. Diese haben dann auch das Interesse meines Vaters geweckt. So wurden allmählich immer mehr Schafe gehalten. Diese waren für ihn stets ein guter Ausgleich zu seiner Bürotätigkeit. Anfangs

haben mein Opa und mein Vater die Schafe zusammen betreut. Je älter
mein Zwillingsbruder und ich wurden, desto mehr konnten wir mithelfen. Stück für Stück konnten kleinere Flächen dazugewonnen und damit die Tierzahl aufgestockt werden. Irgendwann wurde ein neuer Stall
gebaut, der alles einfacher machen sollte. Genügend Platz für die Tiere,
Abstellmöglichkeiten für die Maschinen und Lagerraum für Heu und
Kraftfutter. Schnell wurde jeder zur Verfügung stehende Platz für die
Unterbringung der Schafe genutzt. Mit ein paar Erweiterungsbauten
konnten wir die Herde von 60 Schafen auf 120 Schafe aufstocken. Für
ein Hobby sind 120 Tiere viel. Dies ging nur, weil alle in der Familie mit-
halfen: Großeltern, Eltern, mein Bruder und ich. Manches Mal war es
als Kind oder Jugendlicher natürlich blöd, helfen zu müssen, wenn die
Freunde ins Freibad gingen oder irgendwelche anderen interessanten
Dinge machten. Rückblickend haben wir davon profitiert, schon frühzeitig Pflichten zu übernehmen und feste Aufgaben zu haben.

Noch vor einigen Jahren wäre es undenkbar für mich gewesen, selbst-
ständiger Landwirt zu werden. Ein längerer Entwicklungsprozess und
einige Zufälle haben mich dazu gebracht, diesen Schritt zu wagen. Die
Entscheidung, den Beruf des Landwirts zu erlernen, ist relativ kurzfristig gefallen. Schlechte Noten zur Halbzeit der 12. Klasse ließen den
Entschluss in mir reifen, kein Abitur zu machen, sondern die Schule mit
der Fachhochschulreife zu verlassen. In den Weihnachtsferien musste
ich schnell entscheiden, wie es nach der Schule weitergehen könnte. In
einem Berufsinformationsbuch bin ich mehr oder weniger zufällig über
den Studiengang der Agrarwirtschaft gestolpert. Die intensive Beschäftigung mit den vielfältigen Tätigkeitsfeldern eines Dipl.-Ing. agrar, ge-
paart mit meinem generellen Interesse an der Landwirtschaft, haben
zu dem Entschluss geführt, erst eine Ausbildung zum Landwirt zu machen, um dann ein Agrarwirtschaftsstudium zu absolvieren. Eine spätere Tätigkeit im vor- oder nachgelagerten Bereich der Landwirtschaft
war mein Ziel. Nach einer kurzen wissenschaftlichen Mitarbeit an zwei
Projekten an einer Fachhochschule stand für mich fest, dass eine Bürotätigkeit mich nicht ein Leben lang ausfüllen würde.

Die Ausschreibung der Pflege eines 75 ha großen Naturschutzgebietes
bot mir die einmalige Möglichkeit, doch in der praktischen Landwirtschaft zu arbeiten. Dazu haben wir unsere 120-köpfige Schafherde auf
400 erweitert und dazu noch 40 französische Milchschafe angeschafft, um
Schafskäse herzustellen. Mittlerweile werden 60 Milchschafe gemolken,

deren Milch zu unterschiedlichen Käsespezialitäten verarbeitet wird. Da die Tiere zweimal täglich gemolken werden, tritt man mit jedem einzelnen Tier viel enger in Kontakt. Dies ist ein ganz anderes Verhältnis als zu den Schafen im Naturschutzgebiet, die mir praktisch nur als ganze Herde gegenüberstehen und in der die einzelnen Tiere weniger in Erscheinung treten. Wenn man zweimal täglich mit den einzelnen Schafen zu tun hat, lernt man schnell die Eigenarten und Besonderheiten jeder einzelnen Dame kennen. So verlässt Nora, ein schwarzes Schaf, den Melkstand erst, wenn sie kurz unterm Hals gestreichelt wird. Wird die Streicheleinheit zu lang, muss ich dann schon mal etwas nachhelfen mit dem Weiterlaufen.

Während der Weidesaison holen wir die Schafe morgens und abends zum Melken von der Wiese. Sie wissen ganz genau, dass es auf dem Melkstand Kraftfutter gibt, und kommen deshalb fast ganz alleine zum Stall. Mittlerweile muss ich nicht mehr voranlaufen und sie mit einem Eimer anlocken. Die sind so gut trainiert, dass sie selbstständig den Weg finden. Heute laufe ich eher hinterher, weil die Schafe schneller sind als ich. Die Leute, die das sehen, sind immer erstaunt, dass die Schafe rechtzeitig von der Straße in den Stall abbiegen.

Unsere Hofstelle befindet sich mitten im Ort. In dem großen Wohnhaus leben drei Generationen, die Käserei ist direkt an den Melkstand angegliedert, der wiederum in direkter Verbindung zum Stall steht. Dazu kommt ein Hofladen, in dem wir Käse, Lammfleisch und Wurst anbieten. Einige arbeitsintensive Umbaumaßnahmen waren notwendig, um alles fast ausschließlich in Eigenleistung nach unseren Vorstellungen zu errichten. Hundert Meter müssen wir mit den Schafen über eine Dorfstraße, ansonsten können wir Feldwege benutzen oder uns von Wiese zu Wiese hangeln. In der heutigen Zeit Tiere zweimal täglich durch einen Ort zu treiben, setzt die Toleranz der übrigen Dorfbewohner voraus. Selbst wenn sie mal ausgebüxt sind, reicht ein wenig Kraftfutter im Eimer zum Rascheln und alle „Flüchtigen" kommen wieder zusammen und lassen sich in den vorgesehenen eingezäunten Bereich bringen. Ärgerlich wird es immer, wenn die Schafe in den Gärten der Nachbarn Blumen, Sträucher, Obstbäumchen, Stauden, Gemüse oder jegliche Art von Gartenpflanzen für sich entdeckt haben. Meistens hält sich der Schaden dann aber in Grenzen und kann unkompliziert behoben werden.

Interessant wird es, wenn wir mit den 400 Mutterschafen, die sonst im Naturschutzgebiet grasen, auf Wanderschaft gehen. Dann bliebe nämlich nicht mehr viel „Grünzeug" im Garten übrig. Und gut gedüngt wären der Rasen und die Beete dann auch. Zum Glück sind wir den Großteil des Jahres im Naturschutzgebiet und damit weit weg von Privatgärten. Fängt allerdings im Herbst die Hütesaison an, verlassen wir das Naturschutzgebiet und sind auch in zivilisierten Gegenden unterwegs. Dabei müssen wir hier und da auch schon mal größere Straßen oder Wohngebiete durchqueren. Sowohl Autofahrer, die warten müssen, als auch Anwohner, die im Fenster stehen, zücken ihre Handys oder Digitalkameras, um das seltene Bild festzuhalten. Bei solchen Aktionen sind wir immer zu zweit. Einer geht voran, der Zweite läuft hinterher, beide kommandieren jeweils einen Hund, der dann eigentlich die Hauptarbeit erledigt. Sind die Schafe einmal im Gleichschritt unterwegs, sind sie als große Herde eigentlich ziemlich leicht zu handeln. Problematisch wird es nur, wenn einzelne Tiere von der Herde selektiert werden und den Anschluss verlieren. Dann muss man möglichst schnell die Tiere so lenken, dass sie das Ende der Herde sehen und uns hinterherlaufen. Separierte Tiere geraten schnell in Panik und sind dann nur schwer wieder einzufangen.

Mit unseren Schafen sind wir völlige Exoten in der Landwirtschaft. Auch dadurch, dass wir biologisch wirtschaften, unterscheiden wir uns in großem Maße von den meisten anderen tierhaltenden Höfen, wie z.B. Schweine-, Rinder- oder Geflügelbetrieben. Einem Schäfer ist es fremd, Tiere anzubinden, sie in engen Kastenständen zu halten, sie auf Spaltenböden laufen zu lassen oder eine solch hohe Besatzdichte zu haben, dass man vor lauter Tieren keinen Boden mehr sehen kann.

Die meiste Zeit des Jahres werden unsere Tiere draußen im Freien gehalten. Die hügelige Landschaft des Siegerlands mit den meisten Regentagen im Jahr in Deutschland ist von Grünland und Wäldern dominiert. Ackerflächen gibt es kaum. Relativ kleine Strukturen mit geringen Schlaggrößen sind typisch für unsere Region. Dies ist für die Schafe die natürliche Umgebung und sie fühlen sich draußen einfach am wohlsten. Allerdings spielen auch ökonomische Gesichtspunkte eine Rolle: Jeder Stalltag verursacht ungleich mehr Kosten als das Hüten im Freien. Durch die Mittelgebirgslage kann es sehr strenge Winter mit viel Schnee und Temperaturen von minus 20 Grad geben. Deshalb können wir auf ein Winterquartier im Stall nicht verzichten. Unser Stall ist an die Ansprüche der Schafe optimal angepasst. Die hohe und offene Bauweise hat zur Folge, dass wir im Stall ein Klima haben, das den äußeren Bedingungen entspricht. Hier werden die Tiere nur vor Niederschlag und Zugluft geschützt. Die Temperaturen sind draußen wie drinnen dieselben. Das ist für uns Menschen zwar nicht immer so angenehm, aber den Schafen geht's so am besten. Ausreichend Platz und eine isolierende Mistmatratze, die täglich mit neuem Stroh eingestreut wird, erleichtern den Schafen von Januar bis April die Zeit im Stall.

Wenn im Februar die Lammzeit beginnt, ist dies mit die arbeitsreichste, aber auch schönste Zeit im Jahr. Täglich bekommen um die zehn Schafe ein bis zwei Lämmer, manchmal sogar Drillinge. Dann wird es lebendig im Stall. Wenn 100 Lämmer ein Wettrennen von der einen Seite im Stall zur anderen veranstalten, braucht man keinen Fernseher. Die häufigen nächtlichen Kontrollen zehren ganz schön an der Substanz. Wenn es mir dabei gelungen ist, nachts um 3.00 Uhr ein Lamm zu retten, das ohne Hilfe die Geburt nicht überstanden hätte, bin ich mit den schlaflosen Nachtstunden wieder versöhnt. Eigentlich laufen aber 95 Prozent der Geburten ohne Komplikationen ab. Um auch in den ersten Tagen nach der Geburt den Lämmern einen optimalen Start ins Leben zu gewähren, wird die Mutter mit ihrem Nachwuchs in eine separate Bucht gebracht. So habe ich eine bessere Kontrolle über die Tiere und die Bindung zwischen Mutter und Kind wird stärker. Gerade in den ersten Lebenstagen sind die Lämmer empfindlich und es wird alles unternommen, um die Verluste möglichst gering zu halten. Manchmal muss zusätzlich extra Milch mit einer Flasche zugefüttert werden. Sei es, dass das Schaf nicht genügend Milch hat oder das Lamm nicht eigenständig trinken kann.

Gerade als Kind war es eine schöne Sache, Lämmer mit der Flasche aufzuziehen. Eigentlich gibt es in jeder Ablammsaison Lämmer, die mutterlos aufgezogen werden müssen. Meistens weil die Mutter wenig bis keine Milch hat. Drillingslämmer müssen immer beigefüttert werden. Früher hatten wir die Lämmer dann auch schon mal im Haus. Das war immer toll, wenn wir die Lämmer füttern durften und mit ihnen spielen konnten. Durch den nahen menschlichen Kontakt waren die Flaschenlämmer immer besonders zahm und sie liefen wie ein Hund hinter uns her. Nachher als erwachsene Tiere sind sie besonders wichtig, weil sie beim ersten Rufen hören und angelaufen kommen und der Rest der Herde folgt. Dramatisch war es nur, wenn es männliche Tiere waren. Denen blieb der Kochtopf nicht erspart, und so ist dann auch schon mal die eine oder andere Träne geflossen.

Im Stall werden fast ausschließlich betriebseigene Futtermittel verwendet. Heu und Silage kommen von unseren eigenen Grünlandflächen. Das wenige Kraftfutter, das wir während der Stallzeit verfüttern, stellen wir ausschließlich aus einheimischen Komponenten her. Dadurch nehmen wir allerdings in Kauf, dass unsere Schlachttiere wesentlich längere Zeit benötigen, um das erwünschte Schlachtgewicht zu erreichen. Mit dem wenigen Kraftfutter wachsen die Lämmer einfach langsamer, haben dadurch aber eine sehr gute Fleischqualität. Nicht nur das langsame Wachstum, auch der Umgang mit den Tieren, die zur Schlachtung anstehen, haben Einfluss auf die Qualität. Den Tieren muss es gut gehen bis zu dem Moment des Schlachtens. Das kann ich aber nur gewährleisten, wenn ich bis zur Schlachtung die Tiere selber begleite. Tiere, die geschlachtet werden sollen, werden frühestens einen Tag vor der Schlachtung aus ihrer „normalen" Umgebung genommen. Lange Transportwege gibt es bei uns nicht. Lämmer, die wir nicht selber schlachten, werden zu einem Schlachthof in 15 Kilometer Entfernung gefahren. So können wir sicherstellen, dass die Transportzeiten kürzer als 30 Minuten sind. Bis kurz vor der Schlachtung sind wir in unmittelbarer Nähe der Tiere. Der Stressfaktor wird durch die Anwesenheit vertrauter Menschen minimiert, und wir sind uns sicher, dass mit den Tieren vernünftig umgegangen wird.

Der Respekt zum Tier sollte niemals verloren gehen, es muss ja schließlich ein Lebewesen sterben, damit wir Menschen Fleischgerichte zu uns nehmen können. Gesetzlich vorgeschrieben ist es, dass den Tieren keine unnötigen Schmerzen und Qualen vor der Schlachtung zugeführt werden. Wenn man selber schlachtet, kann man das am besten sicherstellen. Ich werde immer wieder gefragt, ob es mir nichts ausmacht, meine eigenen Schafe zu töten. Diese Frage kann ich nicht so einfach beantworten. Da ich damit aufgewachsen bin, dass zum Halten von Tieren die Schlachtung gehört, und auch langsam daran geführt wurde, macht es mir weniger aus als jemandem, der dies so nicht kennengelernt hat. Aber die Gewissheit, dass es den Tieren immer gut gegangen ist und sie zu Bedingungen gehalten wurde, die meinen Vorstellungen entsprechen, erleichtert die Sache für mich. Das Fleisch von einem selbst aufgezogenen und geschlachteten Tier kann ich mit wesentlich mehr Genuss verspeisen als z.B. das Fleisch von Schweinen, Hähnchen oder Puten, die niemals Sonnenlicht und nur Stallungen gesehen haben. Und dazu in ihrem kurzen Leben in den meisten Fällen mindestens einmal mit Antibiotika behandelt wurden. Das soll nicht heißen, dass wir gänzlich auf den Einsatz von Antibiotika verzichten. Einzeltierbehandlungen werden bei uns auch durchgeführt. Aber eben Einzeltierbehandlungen und keine Gruppenbehandlung. Das zu behandelnde Tier wird von der Gruppe separiert und über mehrere Tage beobachtet und individuell behandelt.

Immer wieder begegnet mir die Meinung, dass fast ausschließlich muslimische Mitbürger Lammfleisch konsumieren würden. Damit verbunden ist die Frage nach dem Schächten, also dem Töten ohne Betäubung. Wir haben allerdings etwa 60 Prozent deutsche Kunden. Für mich ist es in der heutigen Zeit nicht mehr gerechtfertigt, Tiere zu schlachten, ohne sie vorher zu betäuben. Die Vorteile des Schächtens werden durch technische Möglichkeiten, wie z.B. Kühlen und Einfrieren, hinfällig. Außerdem schreibt der Koran dies nicht zwingend vor. Es dürfen lediglich keine verletzten Tiere geschlachtet werden. Die Betäubung mit einem Bolzenschussapparat sehen viele als Verletzung an, weil das Tier erst durch den Kehlschnitt getötet wird. Setzt man eine Elektrozange zur Betäubung ein, können überhaupt keine sichtbaren Verletzungen am Tier entstehen. Wir führen das Schächten nicht durch, es ist schlichtweg nicht erlaubt. Der Gesetzgeber hat es verboten, Tiere zu schlachten, die vorher nicht betäubt wurden. Kunden, die das nicht akzeptieren, bekommen bei uns nichts.

Immer wieder ärgere ich mich über Menschen, die respektlos mit Tieren und der Natur umgehen. Als Schäfer bekomme ich das immer wieder zu spüren. Für manche scheint es mittlerweile normal zu sein, landwirtschaftlich genutzte Flächen als öffentlichen Raum zu sehen, der von jedem genutzt werden kann. Besonders ärgerlich macht es mich, wenn Wiesen als Hundetoilette genutzt werden und ich auf wenig Einsicht stoße, wenn ich erkläre, dass auf den Wiesen Tierfutter gewonnen wird und Hundekot dort nichts zu suchen hat.

Die wenigsten Hundehalter entschuldigen sich, wenn ihre nicht angeleinten Hunde in die Schafherde rennen und Chaos verursachen. Wenn ich nur einen frei laufenden Hund von Weitem sehe, steigt schon mein Adrenalinspiegel. Hetzt der Hund hinter Tieren her, zählt nur noch eins: Wie schütze ich meine Schafe? Allerdings passiert so was auch zu Zeiten, in denen die Schafe alleine sind. Komme ich dann zu der Weide und sehe, dass der Zaun an mehreren Stellen kaputt ist, bin ich mir fast sicher, dass ein Hund die Herde auseinandergetrieben hat. Dann heißt es, so schnell wie möglich alle Schafe wiederzufinden, bevor diese Schaden anrichten. Noch nie hat sich nach einem solchen Vorfall ein Hundehalter bei uns gemeldet, um sich zu entschuldigen oder sich nach dem Schaden zu erkundigen. Schade!

Wobei die Erfahrung mit Hunden und Schafen in meinem Alltag eine ganz andere ist. Ich arbeite mit altdeutschen Hütehunden. Um die Hunde voll einsetzen zu können, braucht man viel Übung und Training. Den gewissen Hüte-Instinkt bringen diese Hütehunde als Welpen schon mit. Indem man ihnen Grundgehorsam beibringt, führt man sie ganz behutsam an das Arbeiten mit den Schafen heran. Da junge Hunde sich viel von den älteren abgucken, ist es wichtig, das Altersspektrum der Arbeitshunde zu streuen. So habe ich immer einen älteren Hund, ein

Jungtier in der Ausbildung und Hunde mittleren Alters, die die Hauptarbeit verrichten. Und wehe, ein Hund darf arbeiten, während ein anderer Hund weiter an der Leine geführt wird. Er ist ja schließlich auch zum Arbeiten da. Dadurch, dass die Hunde einen die ganze Zeit begleiten und treue Dienste verrichten, hat man natürlich zu ihnen eine wesentlich intensivere Beziehung. Leo, unser ältester, ist mittlerweile in einem Alter, in dem er nicht mehr den ganzen Tag voll arbeiten kann. Deshalb hat er eine Teilzeitstelle, und die anderen beiden dürfen dadurch mehr machen. Unser Welpe ist auf einem guten Weg, irgendwann mal Leo zu ersetzen. Was hoffentlich noch nicht bald so sein wird.

In unserer Schafherde laufen auch Ziegen mit. Es wird schwierig für die Hunde, wenn diese sich was in den Kopf gesetzt haben, denn vor den Ziegen mit den Hörnern haben die Hunde Respekt. Ziegen sind unheimlich schlaue, aber auch starrköpfige Tiere. Sie bevorzugen ein anderes Pflanzenspektrum als Schafe, deshalb setzen wir sie bei der Beweidung des Naturschutzgebietes ein. Dort fressen sie Brombeersträucher, junge Schösslinge, Büsche, Ginster und auch an jungen Bäumen. Kleine Stämmchen sind im Nu von ihnen geschält. Sind Leckereien in höheren „Etagen" zu erwarten, können sie hervorragend auf den Hinterbeinen balancieren. In bewohnten Gebieten ist diese Angewohnheit allerdings sehr störend. Gerade kleine Obstbäume und Stauden sind besonders gefährdet. Wiesen mit relativ kleinen Obstbäumen müssen von uns gemieden werden, wenn auch noch so schönes Gras darauf steht. Ihre Neugier und Freiheitsliebe machen allerdings in der Stalleinrichtung besondere Sicherungsmaßnahmen notwendig, da Absperrungen und Gatter, die bei Schafen völlig ausreichend sind, für Ziegen keine Hindernisse sind.

Es war ein gewaltiger Schritt für mich, den Beruf des Schäfers zu wählen. 460 Mutterschafe und ihre Lämmer sind nicht mal so eben im Vorbeigehen versorgt. Die Tiere müssen 365 Tage im Jahr versorgt werden, ganz unabhängig von Wochentagen, bei jedem Wetter, an Weihnachten, Ostern, Geburtstagen und Familienfeierlichkeiten. Schicksalsschläge oder auch Krankheit spielen bei den Tieren keine Rolle. Erst wenn alle Tiere versorgt sind, kann ich meinen Arbeitstag beenden. Und trotzdem macht es mir unglaublich viel Spaß, mit Schafen zu arbeiten. Es ist nicht nur mein Beruf, ich sehe es auch als Hobby und Freizeitbeschäftigung. Gerade die enorme Vielfalt der Tätigkeitsbereiche innerhalb des Jahresverlaufs macht die Arbeit des Schäfers unheimlich abwechslungsreich. Ich habe meinen Traumberuf gefunden!

Angelika Höhler, Herdenmanagerin von Milchkühen in Hessen

Einmal zur World Dairy Expo nach Madison

Die Liebe zu Tieren wurde mir wahrscheinlich in die Wiege gelegt. Ich war das älteste von drei Kindern und wuchs auf einem Bauernhof auf. Solange ich mich zurückerinnern kann, habe ich gerne Tiere um mich herum gehabt. Auf unserem Hof hatten wir Schweine, ein paar Hühner, manchmal auch Enten, Hasen, ein paar Katzen, einen Hund sowie gut zwanzig Kühe und deren Nachzucht. Bereits in Kindertagen war der Kuhstall mein bevorzugter Aufenthaltsort. Ich habe schon sehr früh mit meiner Oma die Kälber gefüttert und konnte es kaum erwarten, das Melken zu erlernen. Mein Vater war immer sehr stolz auf mich, weil ich schon im Grundschulalter sämtliche Kühe kannte, deren Abstammung auswendig wusste und offensichtlich den gleichen Spaß an Rinderzucht entwickelte, den er selbst auch hatte. Es waren zunächst Fleckviehkühe, die mir diese Leidenschaft beschert haben. An eine kann ich mich noch sehr gut erinnern, Ludowiga. Sie führte die Herde immer an, wenn es morgens nach dem Melken auf die Weide ging. Seit einer Kollision mit einem Auto hatte sie ein Horn, das, nach unten gebogen, genau unterhalb des Auges verlief. So ist sie aber noch viele Jahre treu und brav immer voran zur Weide gelaufen. Fleckviehkühe waren zwar gut zur Doppelnutzung, also auch als Schlachttier noch lukrativ, gaben aber nach dem Empfinden meines Vaters zu wenig Milch. Also kaufte er rotbunte Zuchttiere zu. Im Laufe der Jahre hatten wir eine richtig gute rotbunte Kuhherde. So begannen wir, Bullen aufzuziehen und diese über Zuchtviehauktionen zu verkaufen. Auch überschüssige Färsen wurden zur Zucht verkauft und erstmals auch Tierschauen mit Tieren beschickt. Mir hat es unwahrscheinlich viel Freude bereitet, diesen Tieren das Laufen am Halfter beizubringen, sie dann für die Auktion zu scheren und zu waschen oder Kühe einfach nur auf Tierschauen auszustellen und dort im Vorführring zu präsentieren. Für solche Veranstaltungen durfte ich sogar die Schule schwänzen. Durch den frühen Umgang mit Tieren lernte ich einige wichtige und nützliche Dinge für das weitere Leben. Tiere fordern stetige Betreuung, das schafft Pflichtbewusstsein, Ausdauer und einen Sinn für das Reale. Man erlebt frohe Momente, genauso wie man gelegentlich auch traurige Begebenheiten wie ein totgeborenes Kalb als etwas Natürliches hinnimmt. Der Abschied von Tieren, sei es zur Zucht oder zur Schlachtung, hat mir noch nie große Probleme bereitet. Bei dem Verkauf von Zuchttieren freut es mich, wenn wir einen angemessenen Preis erzielen, und noch mehr, wenn der Besitzer uns dann später sagt, dass er sehr zufrieden ist. Mit Tieren, die zur Schlachtung gehen, empfinde ich schon hin und wieder Mitleid ..., aber so ist nun mal der Lauf des Lebens: geboren zu werden, aufzuwachsen und irgendwann zu sterben. Seit ewigen Zeiten gibt es Nutztiere, deren Produkte man zum täglichen Leben benötigt. Seien es Milch, Eier oder Wolle vom lebenden Tier oder aber Fleisch, Haut und Fell von Schlachttieren. So bin ich damit aufgewachsen, von und mit Tieren zu leben.

Mein Mann und ich bewirtschaften einen landwirtschaftlichen Betrieb mit mehreren Betriebszweigen. Neben Ackerbau und Anlagen zur Energiegewinnung (Solaranlagen und eine Biogasanlage) erwirtschaften wir einen Teil unseres Einkommens mit Milchproduktion und Rinderzucht. Augenblicklich haben wir 330 Milchkühe und 230 Jungtiere bis zu einem Alter von zwei Jahren.

Mein Mann ist 53 Jahre alt, ich bin 49. Wir sind seit 26 Jahren verheiratet und haben drei Kinder im Alter von 25, 24 und 20 Jahren. Die Älteste hat Landwirtschaft studiert, die Zweite arbeitet als Personaldienstleistungskauffrau und unser Sohn beginnt in diesem Jahr seine Weiterbildung zum Agrartechniker. Wir leben auf einem Aussiedlerhof in der Nähe von Limburg/Lahn. Neben uns wohnt noch meine Schwiegermutter sowie ein Auszubildender mit auf dem Hof; drei weitere Angestellte wohnen in der näheren Umgebung. Seit wir Ende 2013 die fünfzigköpfige Milchviehherde meines Bruders übernommen haben, arbeitet dieser auch noch drei halbe Tage auf unserem Betrieb mit.

Die Verbundenheit und Liebe zur Rinderzucht habe ich nie verloren. Ich beschäftige mich sehr gerne mit dem Studieren sämtlicher Neuigkeiten rund ums Rind, insbesondere der Zucht. Dank Internet inzwischen eine unerschöpfliche Form der Freizeitbeschäftigung. Einer der schönsten Tage im Monat ist es, wenn „Holstein International", eine in mehreren Sprachen erscheinende Fachzeitschrift zum Thema Holsteinzucht, im Briefkasten liegt. Ich sitze dann abends auf der Couch und versinke in Betriebsreportagen, Zuchtbullenbewertungen, Berichten über Kuhfamilien usw., bis ich alles gelesen habe. Ebenso liebe ich den Besuch von Holsteinschauen, diesen Anblick, wenn Kühe majestätisch durch den Ring schreiten und darum konkurrieren, wer die Schönste ist. Eine Kuh, deren Erscheinungsbild mich einmal fasziniert hat, erkenne ich immer wieder. Mein Traum ist es, einmal zur World Dairy Expo nach Madison, der größten Rinderausstellung weltweit, zu reisen. Ich freue mich über jedes lebend geborene Kalb und bin zwei Jahre später manchmal verwundert, wenn sich trotz eines durchschnittlichen Elternpaars ein tolles Rind entwickelt hat. Umgekehrt kann es aber auch passieren, dass aus einer guten Kuh in Kombination mit einem Topbullen ein eher unterdurchschnittliches Tier entsteht. Das ist der Reiz der Zucht, eins und eins ergibt nicht automatisch zwei. Dank DNA-Analysen kann man heute schon ein wenig besser in die Zukunft schauen. Ich finde es innovativ, dass man den genetischen Wert eines Tieres anhand einer Blutprobe oder ein paar Haarwurzeln ermitteln kann. Das macht das Thema Zucht noch spannender. Wir haben heute überwiegend schwarzbunte Holsteinkühe im Stall stehen. Eine Rinderrasse, die ausschließlich zur Milchproduktion gezüchtet wurde.

Mit 22 Jahren habe ich damals auf diesen Hof eingeheiratet. In meinen ersten Ehejahren habe ich neben der Erziehung meiner drei Kinder und dem Ablegen meiner Meisterprüfung in der Hauswirtschaft im Stall nur gemolken, während sich mein Mann um das Management der Kuhherde gekümmert hat. Als willkommene Abwechslung zu Haushalt und Kindererziehung habe ich mich immer mehr in das Thema Rinderhaltung eingearbeitet. Zu diesem Zeitpunkt wurden in dem 1976 erbauten Boxenlaufstall fünfzig schwarzbunte Kühe und fünfzig Mastbullen, die als Fresser mit ca. 150 kg eingestallt wurden, gehalten. Die männlichen Kälber von unseren Kühen wurden damals alle verkauft, die weiblichen an einen Färsenaufzuchtbetrieb abgegeben. Diese kamen dann kurz vor der ersten Kalbung wieder auf unseren Hof zurück. Auf den ersten Blick erschien mir diese Vorgehensweise betriebswirtschaftlich sinnvoll. Sie entsprach jedoch nicht meiner Vorstellung von einer ord-

nungsgemäßen Jungviehaufzucht. Ich habe meine Freude dran, vom Kalb bis zur ausgewachsenen Kuh die Entwicklung eines jeden Tieres zu beobachten. Als der Aufzuchtbetrieb schließlich die Rinderhaltung aufgegeben hat, standen wir vor der Wahl: Suchen wir einen neuen Aufzüchter oder ziehen wir die Kälber selbst auf? Im Laufe der nächsten Jahre haben wir unsere Ställe so umgebaut und modernisiert, dass wir achtzig Kühe und deren weibliche Nachzucht aufstallen konnten. Das ist nun zwanzig Jahre her. Schon damals hatten wir alle Tiere bis vier Monate in Strohställen und hielten alle Tiere ab vier Monate auf Spaltenböden mit Einzelliegebuchten. Diese Buchten waren mit Gummiauflagen versehen, die wir bei unseren Kühen mit einer Holzaufkantung und zusätzlich mit einer 10 cm dicken Stroheinstreu etwas gemütlicher gestaltet haben. Zu dieser Zeit war unser Betrieb so ausgerichtet, dass wir pro vorhandener Arbeitskraft eine möglichst hohe Produktivität erreichen und es unseren Tieren trotzdem gut dabei ging. Im Nachhinein betrachtet war dies eine sehr schöne Phase in unserer betrieblichen Entwicklung. Der Betrieb war so organisiert, dass eine Person sonntagmorgens in zwei Stunden den kompletten Stalldienst alleine erledigen konnte. Meine Schwiegereltern haben noch viel mitgeholfen und wir hatten einen Azubi. Damit konnten wir ohne Probleme unsere Arbeit bewältigen. Ich habe mich in dieser Zeit zunehmend um unsere Kühe gekümmert. Da ich für die Tierarztbesuche zuständig war und es auch noch immer bin, habe ich mir vieles abgeschaut und angeeignet. Vor einigen Jahren habe ich einen Besamungslehrgang absolviert und führe seitdem die Besamungen selbst durch. Inzwischen besitzen wir auch ein eigenes Ultraschallgerät, mit dem ich Trächtigkeitskontrollen und Fruchtbarkeitsuntersuchungen an Eierstöcken und Gebärmutter vornehme. Im Grund genommen habe ich mich so langsam zu unserem Herdenmanager, die genaue Bezeichnung dieses Berufsbildes, entwickelt. Zur Jahrtausendwende waren wir an einem Punkt angelangt, an dem wir feststellten, dass unser damaliges System an seine Grenzen gekommen war. Unser alter Boxenlaufstall war inzwischen 25 Jahre in Betrieb, die darin zu erzielenden Leistungen stagnierten. Einer der Gründe lag in den baulichen Gegebenheiten. So hatte dieser Stall eine eingezogene Decke, es fehlte an Traufhöhe und deshalb wurde es im Sommer unangenehm warm und stickig. Das Arbeiten im Melkstand glich dann eher einem zweistündigen Saunaaufenthalt. Auch hatte der Zuchtfortschritt vor unseren Kühen nicht haltgemacht. Die heutigen Tiere werden größer und schwerer als ihre Vorfahren. So erkannten wir, dass die Liegeboxen zu kurz und zu schmal waren und alle Lauf- und Triebwege nicht den Platz boten, den unsere Kühe eigentlich bräuchten.

Da wir beide unseren Beruf mit Herzblut ausüben und das auch noch mindestens 25 weitere Jahre bis zum Rentenalter und mit der gleichen Freude tun wollten, mussten weitreichende Entscheidungen gefällt werden. Wir sind der Überzeugung, dass eine längere Investitions- und Entwicklungspause einen Betrieb so weit nach hinten bringen kann, dass er wirtschaftlich den Anschluss verpasst. Deshalb entschieden wir uns dafür, Investitionen zu planen ohne dabei abzuwarten, ob eines unserer Kinder Interesse daran hat, den Hof später einmal weiterzuführen. Auf jeden Fall wollten wir unsere Kühe behalten, allerdings nicht unter den vorhandenen Bedingungen, weder für uns noch für die Tiere. Auch unsere Arbeitsorganisation mussten wir neu ausrichten, da meine Schwiegermutter, die bis dahin noch regelmäßig gemolken hatte, dies mit ihren starken Schulter- und Nackenschmerzen – den typischen Melkerbeschwerden – nicht mehr lange würde tun können.

Eine Vergrößerung des Betriebes eröffnete die Perspektive, einen Mitarbeiter einstellen zu können und somit ein etwas unabhängigeres Leben zu führen. Denn so schön das für uns sein mag, Tierhaltung hat auch ihre negativen Seiten. Einkäufe, Tagesausflüge und Besuche endeten immer so, dass wir pünktlich zur Stallzeit zu Hause waren. Unsere Kinder haben nie einen Sommerurlaub mit ihren Eltern erlebt, wohl aber einen jährlichen Winterurlaub, der aufgrund des geringeren Arbeitsanfalls in dieser Jahreszeit deutlich einfacher zu organisieren war.

Noch heute legen wir großen Wert darauf, dass in Zeiten unserer Abwesenheit die Tiere gut betreut werden. Dafür engagieren wir schon mal eine ehemalige Praktikantin. Wenn wir weg sind, sind wir mit unseren Gedanken trotzdem immer ein wenig zu Hause und jederzeit erreichbar. So ganz abschalten – schwer! Wir wollten unabhängiger und freier von unserer eigenen Arbeit werden, kurzum: unsere Lebensqualität steigern. Es hat trotzdem noch lange gedauert, bis dieses Ziel erreicht war.

So entstand 2003 zunächst ein neuer Boxenlaufstall für 190 Kühe, sechs Jahre später ein weiteres, nur zur Hälfte als Stall ausgebautes Gebäude mit nochmals 100 Plätzen. Die zweite Hälfte dieses Baus wurde im Herbst 2013 zum Trockensteherstall mit Abkalbebereich ausgebaut. So haben wir inzwischen 350 Kuhplätze. Pro Kuhplatz wurden rund 5000 Euro investiert. Beide Ställe sind mit Tiefliegeboxen ausgestattet, d.h., jede Box hat eine 25 cm hohe Aufkantung und wird dick mit einem Gemisch aus Häckselstroh und Pferdemist eingestreut. Das ergibt mit der Zeit eine dicke gemütliche Matratze, die allerdings wöchentlich nachgestreut werden muss. Alle Laufgänge im Stall sind planbefestigt, d.h. betoniert, und, damit sich's schöner läuft, mit Gummiböden ausgelegt. In jedem Stallabteil hängt eine elektrische Kuhbürste, die bei Gegendruck startet und bei den Kühen sehr beliebt ist. Alle Seitenwände sind mit Curtains und Netzen versehen, die die meiste Zeit im Jahr geöffnet sind. Das Dach ist isoliert. Mehrere Ventilatoren, die bei hohen Temperaturen Wasser vernebeln, sorgen für ein angenehmes Klima, wie in der freien Natur. Das ist im Sommer schön und kann im Winter auch mal sehr unangenehm sein. Trotz geschlossener Seitenwände ist es im Stall nicht sehr viel wärmer als draußen. Ab zehn Grad minus finden das weder die Kühe noch das diensthabende Personal toll. Da hilft nur angemessene Kleidung. Parallel zum Stall wurden ein separates Melkhaus, ein Warteraum und ein Transitstall mit Separationseinrichtung errichtet. Gemolken werden unsere Kühe in einem Innenmelkerkarussell mit 24 Melkplätzen. Der Melker steht dabei in einer Grube und die Kühe betreten eine sich langsam drehende Plattform. Nach dem Einordnen wird jede Kuh vorgemolken, damit man sieht, ob die Milch in Ordnung und das Tier gesund ist. Danach wird das Melkgeschirr angesetzt. Eine Kuh milkt je nach Milchmenge und Melkgeschwindigkeit sieben bis vierzehn Minuten. Das Karussell dreht sich langsam weiter, so sind bei den meisten Kühen, wenn sie nach einer Umrundung den

Ausgang erreichen, die Euter leer gemolken und die Melkbecher werden automatisch nach Erreichen von einem Milchfluss unter 300 ml/
Minute abgenommen. Benötigt eine Kuh länger, bleibt das Karussell
stehen, bis das Melkgeschirr abgenommen wird. Der Melker hat dann
eine kleine Pause, ansonsten ist man bei dieser Form des Melkens
kontinuierlich beschäftigt. Dieser Vorgang findet zweimal täglich statt
und dauert mit Vor- und Nacharbeiten drei Stunden. Jede Kuh trägt
am linken Vorderbein einen kleinen Sender, der macht insbesondere
mir das Leben leichter. Alle Daten rund um unsere Tiere werden in
einem PC-Programm erfasst. Zum einen sind das Daten wie die Milchmenge, der Leitwert der Milch und die Aktivität, die eine Kuh zeigt.
Die Interpretation dieser Zahlen ermöglicht Rückschlüsse auf den Gesundheitszustand der Tiere. Diese Zahlen werden automatisch erzeugt
und abgespeichert. Dazu kommen die Daten, die vom Herdenbetreuer
eingegeben werden. So wird jede Geburt erfasst, für jedes neugeborene Kalb ein Datensatz angelegt sowie jede Behandlung und Krankheit
festgehalten. Das Programm weiß viel, wenn es ihm regelmäßig mitge-
teilt wird. Daneben kann man verschiedene Listen und Auswertungen
erstellen. Beispielsweise eine Anzeige über die folgenden Monate, aus
denen ersichtlich wird, wie viele Kühe abkalben und wie viele Tiere
gemolken werden. Ohne Computerprogramm wollte ich diese Herde
nicht führen. Unsere Tiere sind zudem alle im Herdbuch registriert, d.h.,
sie haben eine schriftlich festgehaltene Abstammung, ihre Milchmenge
wird einmal monatlich erfasst und ihre Körperform wird mindestens
einmal im Leben von einem Zuchtberater in Notenform amtlich no-
tiert. Jedes Tier, das zur Zucht verkauft wird, erhält ein Pedigree, einen Abstammungsnachweis. Außerdem muss jedes Kalb innerhalb der
ersten acht Lebenstage zwei Ohrmarken erhalten, diese sind verpflichtend lebenslänglich zu tragen und bei Verlust sofort nachzubestellen.
Es wird an einer zentralen Datenbank mit dieser Nummer angemeldet und erhält einen Tierpass, in dem alle Stationen des Lebenslaufes
festgehalten werden. Ich kenne sie alle, auch ohne Ohrmarke. Ich kann
mich auch Jahre später noch bei manchen an deren Geburt erinnern.
Ich habe von jeder Kuh die wichtigsten Dinge und Daten im Kopf, jede
hat eine andere Fellzeichnung und ich weiß von jeder, wie sie ungefähr
tickt. Wenn ich durch den Stall gehe, weiß ich, welche gleich kommen
wird, um mich ein paar Schritte zu verfolgen. Wenn ich melke, dann
weiß ich, bei welcher ich einen kurzen Stopp machen muss, damit die

Dame auf Grund ihrer Gemächlichkeit bequem ins Karussell eintreten kann. Jedes Tier hat einen anderen Charakter. Ein Kalb, das ängstlich und nervös ist, wird es auch als Kuh sein. Es gibt eben solche und solche, Weicheier oder ganz Harte, anhängliche und scheue, aufgeweckte und lahme, intelligente und eher dumme Kühe. Auch die Neigung für bestimmte Krankheiten, Fruchtbarkeit oder auch Mobilität ist bei jedem Tier anders und durchaus vererbbar. Das alles kann man nur dann wissen, wenn man sich intensiv damit beschäftigt. Wer mit Nutztieren in der Landwirtschaft sein Geld verdienen will, arbeitet mit einer gehörigen Portion Leidenschaft. Tiere halten, das ist ungefähr wie 365 Tage Bereitschaftsdienst in einem Beschäftigungsverhältnis. Einen kleinen Knall muss man schon haben, sonst macht man sowas nicht.

Wir haben Ställe nach neuesten Anforderungen, verfügen über das entsprechende Wissen und trotzdem passieren immer wieder Dinge, die ungeplant auftreten und letztendlich erfolgsmindernd, demotivierend wirken und den Stressfaktor erhöhen. Tierhaltung ist nur bis zu einem gewissen Punkt planbar. Wenn eine Kuh kalbt und nur noch ein Kaiserschnitt hilft, muss der Tierarzt kommen und der Tagesablauf ändert sich spontan. Das kann durchaus auch in der Nacht oder an einem Sonn- und Feiertag passieren. Erst gestern stellte ich vor der siebten Kalbung einer neun Jahre alten Kuh fest, dass die Gebärmutter verdreht war. Im günstigen Fall kann man durch Drehen des Kalbes die korrekte Lage wieder herstellen. Die Kuh hat das zunächst gut überstanden. Gestern Abend habe ich ihr dann noch, auf Anweisung des Tierarztes, eine Infusion mit Glucose und Calcium gegeben. Ich war fast fertig, da passierte das Unfassbare. Ich hatte sowas noch nie erlebt. Ein kurzes Zucken und tot war sie. Die Ursache könnten innere Blutungen gewesen sein, denn die Schleimhäute waren nicht gerötet, sondern schneeweiß. Das sind dann Momente, wo ich mich schon mal frage, wofür ich das alles hier mache. Geburten sorgen insgesamt für reichlich Abwechslung im Alltag. Neben den vielen Kälbern, die ohne Hilfe zur Welt kommen, gibt es noch viele andere: Totgeburten, Schwergeburten oder Frühgeburten. Lageanomalien, bei denen das Kalb in der Kuh vor der Geburt erst in die richtige Position gebracht werden muss. Wenn nach einer komplizierten Geburt am Ende „Mutter und Kind" wohlauf sind, beschert einem das schon mal das ein oder andere Erfolgserlebnis.

Aber auch im normalen Stallalltag kommt es ab und an zu größeren Störfällen. Es reicht schon, wenn eine Futtersorte durch eine andere Charge ersetzt wird. Wenn Kühe vor dem Kalben falsch versorgt werden, kann es passieren, dass plötzlich Nachgeburten hängen bleiben oder jede zweite an Stoffwechselstörungen leidet. Da kommt Freude auf, denn das kostet Zeit, Nerven und Geld. Die größte Tragödie, die wir je erlebt haben, war die Tierseuche Salmonellose. Wer einmal erlebt hat, wie Tiere hilflos sterben, wie Kälber eingeschläfert werden müssen, weil ihnen nicht mehr zu helfen ist, und welche Anstrengungen es kostet, den Normalzustand wiederherzustellen, der fragt sich mit Sicherheit, ob man wirklich sein Geld mit Tieren verdienen muss.

Je artgerechter Tierhaltung wird, umso mehr Kosten entstehen auf der Erzeugerseite. Wollten wir unseren Kühen täglich Weidegang ermöglichen, bräuchten wir genügend hofnahe Weiden, Zäune, Zeit und Personal. Das muss aber auch alles bezahlt werden. Im Augenblick ermöglicht es unser Milchpreis nicht, unsere Tiere noch artgerechter zu halten.

Knapp die Hälfte unserer Tiere sind Jungrinder und werden im Alter von ca. zwei Jahren zum ersten Mal kalben, um dann den Lebensabschnitt als Milchkuh zu beginnen. Bis dahin hat jede Färse Kosten in Höhe von 1500 Euro verursacht. Männliche Kälber werden im Alter von zwei Wochen überwiegend zur Mast verkauft, für aktuell 55 Euro. Nur sehr wertvolle männliche Tiere ziehen wir auf, um sie dann als Deck- oder Besamungsbullen zu verkaufen. Wenn die Kuh erstmalig gekalbt hat, dient sie der Erzielung unseres Einkommens. Das kann nur für ein Jahr oder auch für zehn Jahre sein. Das hängt von verschiedenen Faktoren ab. Beispielsweise kostet der Medikamenteneinsatz bei einer Euterentzündung 40–50 Euro. Dazu kommt der Verlust der Milch in der Zeit der Behandlung. Dies kann sich schnell auf 250 Euro summieren. Wenn diese Kuh zu wiederholten Euterentzündungen neigt, bereichert sie allenfalls den Geldbeutel des Tierarztes. In diesem Fall ist es aus betriebswirtschaftlicher Sicht nicht mehr möglich, dieses Tier zu behalten, und es geht zur Schlachtung.

Wenn Tiere krank werden, muss ich sie behandeln, notfalls auch mit Antibiotika. Es erschüttert mich, wie in der Öffentlichkeit der Antibiotika-Einsatz in der Tierhaltung dargestellt wird. Aber wer weiß schon, dass ein Kalb, das einmal an einer Lungenentzündung erkrankt ist, lebenslang an den Folgen leidet, da sich erkranktes Gewebe nicht regeneriert. Oder dass eine an einer Coliinfektion erkrankte Kuh ohne Behandlung sterben wird. Tiere erkranken im Laufe ihres Lebens genau wie Menschen auch mal und sie leiden, wenn sie krank sind. Mit zunehmender Bestandsgröße steigt aber in der Tat das Risiko, dass sich eine Infektion auch schneller ausbreitet und oft mehrere Tiere betroffen sind. Deshalb ist es für mich nachvollziehbar, dass in großen Tiergruppen oft die ganze Gruppe behandelt wird und nicht nur Einzeltiere. So ist es meine Pflicht, als Tierhalter möglichst alles zu geben, damit keine Krankheiten auftreten und, wenn sie es doch tun, dafür zu sorgen, dass die Gesundheit jedes Tieres wiederhergestellt wird. Nur gesunde Tiere tragen zu einem positiven Betriebsergebnis bei.

Wir haben für unsere Kühe und deren Nachzucht ein optimales Umfeld geschaffen und passen unser Wissen und Können durch ständige Weiterbildung an, aber wir müssen auch so produzieren, dass unterm Strich was übrig bleibt. Ein Bauernhof mit Tierhaltung ist kein Tierheim, sondern ein wirtschaftlicher Betrieb, der sein Einkommen mit der Haltung von Nutztieren erwirtschaftet.

Eine weitere große Herausforderung der Zukunft sehe ich in der Verfügbarkeit von geeigneten Arbeitskräften in tierhaltenden Betrieben. Wir haben nach vielen Jahren des Übens unsere Arbeitsorganisation inzwischen gut im Griff. In einer Ackerbauregion in unmittelbarer Nähe zum Rhein-Main Gebiet konkurrieren wir mit dem dortigen Arbeitsplatzangebot. Anfänglich hatten wir unseren Betrieb ausschließlich mit Auszubildenden und Praktikanten organisiert. Die blieben aber im Normalfall immer nur ein Jahr und wechselten dann den Betrieb. Dieser Wechsel fand mitten in der Ernte, der ohnehin stressigsten Zeit im Bauernjahr, zum 1. August statt. Deshalb haben wir heute drei Leute festangestellt und dazu einen Auszubildenden. Die meiste Arbeitszeit wenden wir für die Kühe auf. Für eine Kuh benötigen wir pro Jahr 30 Arbeitsstunden, mal 330 ergibt das allein schon 9900 Stunden. Ein großer Teil der Arbeit entfällt auf das Melken, und das kann hier jeder. Zwei Personen beginnen morgens um sechs mit dem Melken, ein Dritter beginnt um sieben mit dem Füttern des Jungviehs und um halb neun sitzen dann alle am Frühstückstisch. Dort wird der Verlauf des Tages besprochen und entsprechend eingeteilt. Abends melken die, die morgens später begonnen haben, die Frühdienstler haben dann frei. Ich habe mich im Laufe all dieser Jahre mehr und mehr auf die Rinderhaltung spezialisiert. Einmal täglich – meistens abends – bin ich gerne selbst beim Melken dabei. Morgens nach dem Frühstück gehe ich meiner Arbeit als Herdenmanagerin nach. Erste Station: Kälberstall – dort tränkt unsere Oma die kleinen Kälber. Gleich nach der Geburt werden diese in Einzelboxen untergebracht. Im Alter von vierzehn Tagen wechseln sie dann in die Tränkeautomatengruppe. Jedes Kalb trägt ein Halsband mit einem Sender und bekommt dreimal täglich seine Milch zugeteilt. Am Automaten kann ich dann nachlesen, ob es denn auch säuft. Tiere, die nicht trinken, sind im Regelfall auch krank, und ich muss mich dann um sie kümmern. Vorbei am Jungviehstall gehe ich zu den Kühen. Dort kontrolliere ich am PC die aktuelle Milchleistung vom letzten Melken und die Liste der Tiere, die eine übermäßige Aktivität zeigen. Diese Tiere könnten brünstig sein und zur Besamung anstehen. Dabei wird tiefgefrorenes Sperma mittels einer Pipette in den Muttermund eingeführt. In einer so großen Herde gibt es aber immer mal Probleme mit Tieren, die nicht tragend werden – dafür gibt es den Bullen Johann. Er hat eine Box in unmittelbarer Nähe der Kühe, die auch nach mehrmaliger Besamung noch nicht tragend sind. Eine Kuh sollte alle zwölf bis vierzehn Monate ein Kalb zur Welt bringen, sonst gibt sie irgendwann keine Milch mehr.

Dann gehe ich weiter zu den frisch abgekalbten und den kranken Kühen. Diese werden nach dem Melken in ein, an das Melkhaus angebautes, mit Stroh eingestreutes Stallabteil abgesondert. Anhand der Milchleistung kann ich schon vorab sagen, wen ich mir genauer anschauen muss. Kranke Tiere werden hier von mir nach Absprache mit dem Tierarzt behandelt: Tiere mit Gebärmutterentzündung benötigen ein vom Tierarzt verordnetes Schmerzmittel plus Antibiotika, Kühe mit Stoffwechselerkrankungen sind leicht mit Infusionen zu therapieren, dann gibt es auch mal Tiere, die schlecht laufen, weil die Klauen nicht in Ordnung sind. Neben diesen Routinearbeiten gibt es regelmäßig wiederkehrende Arbeiten, die gebündelt an festen Tagen einmal wöchentlich erledigt werden. Dazu zählen Impfungen der tragenden Tier gegen Rotacoronaviren, Grippeimpfung der Kälber, Trächtigkeitskontrollen, Umgruppieren von Tieren, Besuchstermine vom Tierarzt, Ohrmarken einziehen, um nur ein paar zu nennen. Wenn ich einen ruhigen Tag habe, bin ich in einer Stunde fertig, aber es kann durchaus auch Mittag werden, bis ich im Stall alles erledigt habe. Da mein Bruder tageweise mithilft und unser Sohn derzeit voll im Betrieb mitarbeitet, kann ich manche Arbeiten auch delegieren und mir so Freiraum schaffen. Daneben unterstützen mich im Haushalt meine Schwiegermutter und eine Teilzeitangestellte. Neben den Außenarbeiten gibt es noch den Innendienst – die Büroarbeit. Diese nimmt in unserem Betrieb zunehmend mehr Zeit in Anspruch. Dazu gehört die Datenpflege unseres Herdenprogramms, die Meldung aller Geburten, Zugänge und Abgänge an eine Datenbank, die Meldung aller Besamungen, die Dokumentation aller angewandten Medikamente, die Führung der Herdenbücher, das Erstellen von Wochenplänen, Abheften und Dokumentieren und einiges mehr. Den dritten Zeitblock benötige ich für Betriebsbesuche von Beratern, Vertretern und Kontrolleuren.

Ich liebe es, sowohl im Stall tätig zu sein als auch gelegentlich mal längere Zeit im Büro zu verbringen. Inmitten dieser ganzen Arbeit verstecken sich die kleinen Glücksmomente des täglichen Lebens, die es für mich lebenswert machen. Zunächst finde ich es toll, Herr meines eigenen Handelns zu sein. Ich teile mir den Tag nach meinen Bedürfnissen ein. Das funktioniert nicht immer, aber meistens. Dann gibt es hier immer wieder schöne Erlebnisse: ein neugeborenes Kalb, eine kranke Kuh, die wieder gesund wird, eine Kuh, die endlich wieder tragend ist und doch nicht geschlachtet werden muss, der Anblick, wie sich fünfzehn Kälber freuen, wenn ihr Stall frisch eingestreut wird und noch so vieles mehr.

Oft wird Landwirtschaft in den Medien sehr idyllisch präsentiert. Ganz anders, als sie sich uns in unserem Alltag darstellt. Die heutige Form der Tierhaltung ist über viele Jahre entstanden und gewachsen.

Zunächst wurde es für die Landwirte immer schwieriger, von ihren klein strukturierten Betrieben zu leben, dazu kam eine stetige Verbesserung der arbeitswirtschaftlichen Verhältnisse. In den sechziger Jahren gab es mit der Eimermelkanlage die erste technische Möglichkeit, Kühe zu melken. Ställe wurden oft von Hand mit der Schubkarre entmistet. Wenn wir das heute noch so machen würden, hätten wir bestimmt nicht über dreihundert Kühe. Bei gleichem Zeitaufwand konnte man dank neuer Entwicklungen im Bereich Technik, Stallbau und Arbeitswirtschaft immer höhere Arbeitsleistungen erreichen. Das war auch erforderlich, denn die in der Tierproduktion erlösten Einkommen haben sich nicht parallel zur Inflation und allgemeinen Preissteigerung entwickelt, sondern sind in vielen Jahren gesunken oder haben stagniert. Als ich vor 30 Jahren meine Ausbildung gemacht habe, hat ein Schlachtbulle pro kg Schlachtgewicht acht Mark gebracht, der aktuelle Preis liegt bei 3,20 Euro. Um seinen Lebensstandard zu halten, musste ein Landwirt im Laufe der Jahre also immer „wachsen". Entweder mit Tieren oder mit Fläche. „Weichen" war die Alternative. Die Anzahl derer, die noch Tiere halten, nimmt immer mehr ab, dabei werden die verbleibenden Bestände konsequenterweise immer größer.

Zeitgleich hat sich in unserer Gesellschaft vieles grundlegend gewandelt. Aus kleinen Lebensmittelläden wurden Supermärkte mit riesigen Sortimenten und aus Kindern, die einst im Dorf aufwuchsen, wurden oft Verbraucher, die ohne Wissen über die heutige moderne Landwirtschaft darüber urteilen. Wie bitte können 80 Millionen Menschen satt werden, ganz ohne Massentierhaltung? Und wer bitte soll all diese klein strukturierten Traumtierhotels betreiben, die von manchen Politikern als Zukunft der Landwirtschaft gefordert werden? Dabei geht es Tieren in der verschrienen Massentierhaltung oft deutlich besser als den Tieren in klein strukturierten Betrieben. Warum? Je größer ein Betrieb wird, umso durchdachter wird die Organisation, moderner die Technik und umso spezialisierter und qualifizierter das Personal. So gibt es in Milchviehbetrieben ab tausend Kühen oft sogar einen angestellten Tierarzt, es gibt Melker, Betreuer nur für frisch abgekalbte Kühe, es gibt jemanden, der sich nur um das Füttern kümmert.

Auch wir sind bestrebt, unseren Nutztieren ein möglichst artgerechtes Leben zu ermöglichen. Ich finde, dass wir das auch so praktizieren. Mit verstärkter Öffentlichkeitsarbeit möchte ich das verzerrte Bild von Landwirtschaft und Tierhaltung ändern. Nach einem Artikel in der Wo-

chenzeitschrift „Die ZEIT", der unserer Meinung nach die Landwirtschaft unsachgemäß darstellte, haben wir einen Leserbrief verfasst und
dem ZEIT-Journalisten unseren ganzen Hof gezeigt. Einige Wochen
später erschien darüber eine ganzseitige Dokumentation unter dem
Titel „Bauer sucht ZEIT". Wir bieten Schulen und Kindergärten Führungen an. Seit einigen Jahren veranstalten wir regelmäßig einen Tag
der offenen Tür, und wer höflich fragt, darf jederzeit einen Rundgang
über den Hof machen. Sinnvoll fände ich, Kindern im Schulunterricht
das Thema Ernährung von der Herkunft der Nahrungsmittel bis zu ihrer Zubereitung näherzubringen. Das wäre eine echte Bereicherung für
das spätere Leben.

Für die Zukunft wünsche ich mir ein wenig mehr Verständnis und
Anerkennung, insbesondere für uns tierhaltende Landwirte. Ich wünsche mir verlässliche Rahmenbedingungen, die mir auch in Zukunft
noch die Möglichkeit bieten, mit Freude Tiere zu halten, und möglichst
nicht noch mehr Gesetze, Verordnungen und Kontrollen, die zu einer
weiteren Bürokratisierung beitragen.

Falls unser Sohn den Betrieb doch einmal ohne Tiere weiter bewirtschaften wollte? Wir könnten ihn verstehen. Trotzdem habe ich meiner
besten Freundin auf die Frage, ob ich nochmal Bäuerin werden wollte,
wenn ich denn nochmals geboren werden würde, spontan geantwortet:
„Ja, aber nur mit Kühen!"

Dietmar Gutheiß, Putenzüchter in Baden-Württemberg

Ein Arbeiten gegen das natürliche Chaos

„Die haben es ja doch ganz schön … Wie viele sind das? … Um Gottes Willen!" Diesen Satz hören wir öfters von Gästen, die auf unserem Hof Urlaub machen. Allerdings kein typischer Urlaub auf dem Bauernhof mit Streichelzoo, sondern Landurlaub auf einem Betrieb mit 7.500 Putenelterntieren plus Nachzucht. Diese Aussage beschreibt ganz treffend das Phänomen „Massentierhaltung": Den Tieren geht es offensichtlich gut in den sauberen, hellen Ställen. Das hätte man sich eigentlich schlimmer vorgestellt. Aber so viele – das kann schon aus Prinzip nicht gut sein!

Wenn die Leute bei uns eine Stallbesichtigung machen, sehen sie saubere Tiere auf trockener Einstreu, die sich frei bewegen können in Ställen mit natürlichem Tageslicht. Sie erfahren, dass Puten sehr aktiv sind und wir ihnen in unserem Stall in den ersten Tagen der Kükenaufzucht nicht den ganzen Stall zur Verfügung stellen, damit sie leichter zu Wasser, Futter und Wärmequelle zurückfinden. Diese Informationen spielen in den Medien keine Rolle, denn sie geben keine Schlagzeile her. In jeder Herde gibt es auch Tiere, die von den anderen angepickt werden oder schlecht laufen können. Diesen Anteil gering zu halten, ist meine Aufgabe und liegt selbstverständlich in meinem eigenen Interesse. Sie müssen von der Herde getrennt und gegebenenfalls auch getötet werden – in freier Wildbahn würde dies der Fuchs übernehmen.

Ich bin grundsätzlich bereit, mit jedem über moderne Landwirtschaft zu diskutieren, unter einer Bedingung: Er muss sich mindestens 20 Minuten Zeit nehmen. Weil ich erstens nur dann das Gefühl habe, dass mein Gegenüber sich wirklich dafür interessiert und nicht nur Vorurteile bestätigen haben will, und zweitens, weil Kenntnisse über Landwirtschaft nahezu nicht vorhanden sind. So gab und gibt es gute Gründe dafür, Hühner (und auch andere Nutztiere) in Ställen zu halten, ja sogar in Käfigen. Der Preis für die naturnahe Haltung von „glücklichen Hühnern" im Freien sind höhere Verluste durch Bodenparasiten zum Beispiel. Die Forderung der Verbraucher nach garantierter Salmonellenfreiheit ist mit dieser Haltungsform noch schwieriger umsetzbar.

Landwirtschaft hatte schon immer einen widernatürlichen Aspekt. Es ist stets ein Arbeiten gegen das natürliche Chaos. Kulturlandschaft ist so ziemlich das Gegenteil von Buchenwäldern und Schwarzdornhecken, die in unserer Region die natürliche Vegetation bilden würden.

Unser modernes Leben ist zwar komfortabler geworden, jedoch nicht einfacher, auch nicht in der Landwirtschaft. Wir können unserer Verantwortung oft nicht gerecht werden, weil durch die Industrialisierung und Globalisierung sich vieles von uns weg bewegt hat. Wenn ich eine neue Jeanshose kaufe, müsste ich ein schlechtes Gewissen haben, weil sie mit großer Wahrscheinlichkeit unter unwürdigen Arbeitsbedingungen weit weg von hier gebleicht und genäht worden ist. Auch in der Landwirtschaft gibt es diese Probleme durch immer stärkere Spezialisierung.

Beispiel Putenhaltung: Vor einigen Jahren noch standen dem Landwirt beim Verladen der Puten zur Schlachtung Helfer aus dem Ort zur Verfügung. Heute wird die Verweildauer von Schlachttieren auf den Lkw aus Tierschutzgründen akribisch kontrolliert. Um die Schlachterei zur rechten Zeit mit Schlachttieren beliefern zu können, müssen diese folglich oft mitten in der Nacht verladen werden. Dafür findet man keine Nachbarschaftshelfer mehr. Also gibt es jetzt polnische und rumänische „Verladekolonnen", die im Auftrag der Schlachterei rund um die Uhr Puten verladen und dabei oft nicht zimperlich mit den Tieren umgehen. Ich kann – und muss – sie dann zwar zurechtweisen, aber ich kann sie auch verstehen, weil es eigentlich unzumutbar ist, diese anstrengende Arbeit tagtäglich zu machen.

Die Deutschen kaufen die teuersten Küchen und kochen darin mit den billigsten Lebensmitteln – auch deswegen steht man als Bauer stets zwischen den Fronten. Das Frühstücksei – immerhin das Tagwerk eines Huhns – darf nicht mehr als 20 Cent kosten, das Kinderüberraschungsei kostet dreimal so viel. Ein Liter Milch kostet 60 Cent im Angebot, der Liter Coca Cola 90 Cent. Und Hundefutter ist oftmals doppelt so teuer wie die Hähnchenschenkel für den Grillabend.

Andererseits gibt es Einrichtungen wie „Gut Aiderbichl" in Österreich. Ein Gnadenhof für abgehalfterte Zirkuspferde und ausgediente Milchkühe. Mit Sofas und Kronleuchtern ausgestattete „Tierwohnzimmer" für Hunde mit Hüftleiden. 40.000 Normalbürger zahlen jährlich jeweils 120 Euro für eine Tierpatenschaft. Das Grundkapital kommt u.a. von einer Unternehmerin, die die erste Schönheitsfarm in Europa gegründet hat. Insgesamt flossen bislang 18 Mio. Euro in das Unternehmen „Gut Aiderbichl".

All dies muss ich als Landwirt und Nutztierhalter zunächst akzeptieren. Ich kann sie sogar verstehen, die Schnäppchenjäger im Supermarkt und die „Gutmenschen" mit Tierpatenschaften, weil es für beides Gründe gibt, es so zu tun.

Im Gegenzug erwarte aber auch ich Verständnis für die Situation des Produzenten. Auch ich habe gute Gründe, auf meinem Betrieb Dinge so und nicht anders zu tun. Ich maße mir nicht an zu beurteilen, ob es unseren Nutztieren heute besser geht als früher. Ich weiß jedoch, dass es ihnen keinesfalls schlechter geht. Wer schon einmal im Freilichtmuseum Vogtsbauernhöfe im Schwarzwald war und gesehen hat, wie noch vor 100 Jahren Schweine in komplett verdunkelten Holzkisten mit einem Futterloch als einziger Öffnung gehalten wurden, kann vielleicht auch als Laie einem klimatisierten, computergesteuerten Schweinestall trotz Spaltenboden etwas abgewinnen.

Ich bin kein klassischer Hoferbe, sondern ein Quereinsteiger, der diesen „zweitältesten" Beruf aus voller Überzeugung für sich gewählt hat: Weil der Umgang mit Tieren, Pflanzen, Lebenszyklen, Jahreszeiten und Wetter einen ganz ursprünglichen Charakter hat und mich jeden Tag aufs Neue erdet. In unserer modernen Dienstleistungsgesellschaft, die sich von der Produktion immer weiter weg bewegt, ist gerade dies für mich etwas Besonderes. Auch ein moderner Bauer lebt mit und nicht nur von seinen Tieren. Und ich werde weiterhin an Heiligabend nicht „Weihnachten auf Gut Aiderbichl", sondern mit meinen Kindern „Michl aus Lönneberga" im Fernsehen anschauen.

Weder der alle Probleme leugnende Landwirt noch der mit Halbwissen auftrumpfende Verbraucher sind dem dringend notwendigen Dialog förderlich. Mit verhärteten Fronten ist keinem gedient. Und dabei gibt es gerade in der Landwirtschaft so viele Herausforderungen, die nur gemeinsam mit vereinten Kräften gemeistert werden können.

Gesine Harleß, Schweinemästerin in Niedersachsen

Diese Nutztierhaltung dient unserem Broterwerb

Alles kann, nichts muss." Mit diesem Motto haben mich meine Eltern mit viel Sorgsamkeit an die Landwirtschaft herangeführt. Im Juni 1967 wurde ich als jüngstes von vier Bauernkindern im Kreis Uelzen geboren. 1958 hatten unsere Eltern nach fünf Jahren Ehe und beruflichen Wanderjahren unseres Vaters im Landmaschinensektor mit den Kindern Gerd und Gesa den Betrieb von unseren Großeltern übernommen. Im Jahr 1962 wurde Gabriele geboren. Unser Vater war ein begeisterter Schrauber und Bastler, viele Stunden habe ich mit ihm in der Werkstatt als Handlanger verbracht. Das zweite Hobby unseres Vaters waren seine Shetland-Ponys. Die Zucht und die ehrenamtliche Arbeit im Zuchtverband waren sein Ausgleich. Leider haben wir Kinder keine Passion als Reiter verspürt. Mit sieben Jahren habe ich mir bei einem Reitunfall den rechten Ellenbogen zertrümmert. Nach zwei weiteren Stürzen habe ich eingesehen, dass Pferde und Ponys auch schön sind, wenn man nicht drauf sitzt.

Mit Milchvieh, Schweinen und Ackerbau fing für meine Eltern alles an. Da meinem Vater die Lust und Liebe zur Milchviehhaltung nicht in die Wiege gelegt war, betreute ein Melker den Milchviehstall bis zur Aufgabe der Kühe im Jahr 1975. Auch die Schweinehaltung wurde durch Art und Umfang zum Auslaufmodell. Wir Kinder wurden von unserem Melker nicht gerne im Stall gesehen, deshalb verbrachte ich viel Zeit im Kuhstall unseres Nachbarn. Mit der Nachbarstochter half ich gerne beim Kälbertränken und -versorgen. Mir hat das viel Spaß gemacht, für meine Freundin war es eine lästige Pflicht. Daher kam mir unsere Umstellung auf Bullenmast sehr entgegen. Jetzt zogen wir zweimal im Jahr Kälber auf, um sie dann zu mästen. Bei der Kälberaufzucht haben Gabriele und ich viel und gerne geholfen. Unsere Mutter hatte ein gutes Gespür für die Tiere und ihre Bedürfnisse, sodass wir oft erstaunt waren, wie früh sie Veränderungen an den Tieren bemerkte. Während eines Kuraufenthalts unserer Mutter im Jahr 1980 fuhr unser Vater jedes Wochenende los, um Mutti zu besuchen. Da meine Schwestern zu dieser Zeit nicht dauernd auf dem Hof wohnten, war ich an den Wochenenden für die Kälber verantwortlich, die Bullen wurden von unserem Mitarbeiter versorgt. Jeden Sonntagabend war ich zufrieden und stolz, wenn beim Stallrundgang mit meinem Vater alles in Ordnung war.

Mit einem Hund machten unsere Eltern uns Mädels ein besonderes Geschenk. Nachdem unsere Hauskatze spurlos verschwunden war, bekamen wir den lang ersehnten Dackel. Welche Freude, als wir Julchen bei uns hatten. Kurze Zeit später tauchte auch unsere Katze Minka wieder auf. Wir hatten sie versehentlich in der Gerätekammer eingesperrt. Nach anfänglichen Schwierigkeiten wurden die beiden ein Herz und eine Seele, sie fraßen sogar aus einem Napf.

Im Rückblick gesehen habe ich eine behütete und glückliche Kindheit im Kreise von Menschen und Tieren in der Landwirtschaft erlebt.

Im Mai 1984 wendete sich das Blatt für unsere Familie. Bei einem Autounfall kamen unser Vater und meine Schwester Gabriele ums Leben. Meine Mutter verbrachte aufgrund ihrer schweren Wirbelsäulenverletzungen viele Wochen im Krankenhaus. Ich wurde nach zehn Tagen entlassen und konnte somit als Einzige der engeren Familie an der Beisetzung von Vati und Gaby teilnehmen. Nun war alles anders. Da unser Bruder Gerd schon vor meiner Geburt an Leukämie verstorben war und unsere große Schwester keine Neigung zur Landwirtschaft verspürte, war guter Rat teuer. Die Pflege- und Erntearbeiten konnten mit Betriebs- und Nachbarschaftshilfe bewältigt werden. Die vorübergehende Rückkehr meiner Schwester und meine Anwesenheit als Hauswirtschaftslehrling in Elternlehre waren sicher für unsere Mutter Trost und Unterstützung. Da ich noch zu jung war, haben wir Übriggebliebenen uns entschieden, unseren Betrieb zu verpachten. Für unsere Mutter war es ein schwerer Schritt, den Betrieb abzugeben; sie hatte immer den Wunsch, dass er in der Familie weitergeführt wird.

Leichter wurde es für sie, als sie zwei Jahre später in das mit unserem Vater geplante und dann neu gebaute Altenteilerhaus umziehen konnte. Nun hatte sie räumlich etwas Abstand. Zwar liegen Betrieb und Altenteilerhaus im selben Ort, doch sie war nicht mehr mittendrin. Dort war bis zu ihrem Tod im Februar 2012 nun ihr Zuhause. In ihren letzten Jahren hat sie besonders die Besuche ihrer Enkel genossen. Unsere Kinder haben viele schöne Erinnerungen an ihre Oma. Im Juli 2006 verstarb meine ältere Schwester Gesa, ein halbes Jahr nach ihrem 50. Geburtstag, plötzlich an den Folgen einer inneren Blutung. Ein weiterer schwerer Abschied für uns alle.

Ab Sommer 1985 habe ich mein drittes Lehrjahr in der Hauswirtschaft auf der Lehr- und Versuchsanstalt für Tierhaltung in Echem verbracht. Hier waren Tiere allgegenwärtig und am 14-tägigen Tierhaltungslehrgang habe ich gerne teilgenommen. Es war alles in allem ein schönes und lehrreiches Jahr. Da ich es mir nicht vorstellen konnte, die Hauswirtschaftsausbildung noch zu vertiefen oder Landwirtschaft zu lernen, wurde eine Neuorientierung notwendig. So habe ich im Jahr 1987/88 die Höhere Handelsschule besucht und danach eine Ausbildung zur Steuerfachgehilfin gemacht. Dabei wurde ich recht früh mit der Betreuung von landwirtschaftlichen Mandanten betraut und habe so den Kontakt zur Landwirtschaft gehalten.

Dann lernte ich meinen Mann kennen. Im Mai 1995 zog ich zu ihm und seinem Vater auf den Ackerbaubetrieb mit Färsenaufzucht. Anfang Juni folgte die Hochzeit. Die Arbeit im Steuerbüro habe ich mit den Geburten unserer drei Söhne Phillip, Thies und Marten in den folgenden Jahren schrittweise reduziert.

Auf unserem Betrieb in Linden hatten meine Schwiegereltern mit viel Engagement bis 1991 eine Milchviehherde aufgebaut und betreut. Im Jahr 1964 haben sie den ersten Laufstall mit Fischgrätenmelkstand im Landkreis gebaut. Sie wurden mit wiederkehrenden Auszeichnungen für eine überdurchschnittliche Milchqualität in ihrem Tun bestärkt. Mein Mann ist, ähnlich wie mein Vater, mehr Techniker, sodass ihm die Milchviehhaltung nicht so am Herzen lag. Er hat es einmal so formuliert: „Gegen Kühe habe ich nichts, aber gegen das frühe Aufstehen." So fiel 1991 die Entscheidung zur Aufgabe der Milchviehhaltung. Die Kuhherde wurde komplett an einen Betrieb in den neuen Bundesländern verkauft, für den wir dann lange Jahre noch Färsen aufgezogen haben.

Unsere Vorfahren haben alle auf ihre Art mit Tieren gelebt und gearbeitet. Zu ihrer Zeit waren vielseitige Tierbestände auf den damaligen Betrieben selbstverständlich. Dies hat sich in der heutigen Zeit, bedingt durch eine zunehmende Spezialisierung und Arbeitsteilung, auch in der Landwirtschaft verändert. Nach der Familiengründungsphase haben mein Mann und ich begonnen, uns gemeinsam fortzubilden. Das Bildungswerk vom Deutschen Bauernverband, die Andreas-Hermes-Akademie, bietet mit den BUS-Seminaren („Bauern-und-Unternehmer-Schulung") eine Möglichkeit der Persönlichkeitsbildung, jenseits von Betriebswirtschaft und Produktionstechnik. Aus dieser Seminarreihe heraus haben wir im Laufe von über zehn Jahren immer mehr an uns und unserem Betrieb gefeilt. Das jährliche BUS-Fest ist mittlerweile ein fester Anlass geworden, in wechselnden Regionen über den Tellerrand zu schauen. Die BUS-Seminare leben vom Austausch zwischen Menschen. Diese haben unsere weitere persönliche und betriebliche Entwicklung maßgeblich beeinflusst.

Um die Wirtschaftsfähigkeit unseres Betriebes für die nächste Generation zu festigen, haben wir im Dezember 2007 einen Bauantrag für einen Schweinemaststall gestellt. Da das Thema Schwein für uns grundsätzlich neu war, haben wir gern die Beratung von einem Berufskollegen, unserem Stallbauer, unserem Berater vom VzF (Verein zur Förderung der Bäuerlichen Veredlungswirtschaft e.V.) und unserer Tierärztin in Anspruch genommen. Allen Beteiligten verdanken wir viele hilfreiche Tipps auf dem Weg zum und im Leben als Schweinehalter. Die Größe des Stalles haben wir versucht an vorhandene betriebliche Strukturen anzupassen, um möglichst autark zu bleiben.

Der Stall ist ein Warmstall mit Vollspaltenboden und ohne Auslauf, mit automatischer Trockenfütterung und automatischer Lüftung mit Luftabsaugung unter den Spalten. Bei hoher Außentemperatur haben wir eine Kühlmöglichkeit mit Wassernebel. Gebaut wurde er als Doppelkammstall, der Zentralgang liegt in der Mitte und je drei Abteile sind rechts und links angeordnet. Weiterhin haben wir ein halbes Abteil, das wir als Kranken- und Resteabteil nutzen können. Gegenüber vom Resteabteil sind Schrotlagerung, Technikraum, Büro und Hygieneschleuse untergebracht.

Nach einer spannenden Genehmigungs- und Bauphase konnten wir Ende Februar 2009 den Stall mit einem „Tag der offenen Tür" der landwirtschaftlichen Öffentlichkeit vorstellen. Einen Tag später haben wir für unsere Nachbarn und Freunde die Stalltüren geöffnet. Am 6. März 2009 zogen die ersten Ferkel bei uns ein. Nach und nach wurden die sechs Abteile belegt und wir haben viele neue Erfahrungen gesammelt. Mein Mann und ich versorgen diesen Stall gemeinsam. Das „Vier-Augen-Prinzip" optimiert persönliche Stärken und Schwächen.

Die Verantwortung für Tiere zu übernehmen ist manchmal nicht ganz ohne. So kann es dann auch schon mal vorkommen, ein krankes Tier erlösen zu müssen. Uns ist jedes Tier gleichermaßen wichtig. Unsere Tiere im Stall sind Nutztiere und keine Haustiere. Ihr Wohlergehen und ihre Gesundheit stehen für uns an erster Stelle. Als Mastschweine werden sie gehalten, um am Ende geschlachtet zu werden. Unser Schlachter hat mal gesagt: „Quäle nie ein Tier zum Scherz, denn es fühlt wie du den Schmerz."

Unsere Hauptaufgabe im Stall ist die Kontrolle. Bei den täglichen Stallrundgängen überprüfen wir erst einmal die Wasserversorgung, die Fütterungsanlage, die Lüftung und die Temperaturen. Es ist die Grundlage für das Wohlergeben und Gedeihen unserer Schweine, dass das alles funktioniert. Der technische Fortschritt bietet uns heute die Möglichkeit, Störungen im Stall über eine Handymeldung allerorts angezeigt zu bekommen. Sind die technischen Anlagen in Ordnung, dann gehen wir nacheinander durch alle Abteile. Beim Betreten der Abteile sprechen wir die Tiere laut an, da die Tiere im hinteren Bereich uns noch nicht sehen können. Nun verhalten sich die Tiere je nach Alter unterschiedlich. Bei den Ferkeln bleibt selten ein Tier liegen, hier siegen die Neugierde und Bewegungsfreude. Bei den älteren Schweinen siegt dann mehr die Bequemlichkeit. Hier sind die Eber wiederum ruhiger als die Sauen. Nun liegt es an uns als Tierhalter, Veränderungen an den einzelnen Tieren zu erkennen und zu überprüfen, ob es ihnen gut geht. Durch ihr Verhalten senden uns die Tiere Signale. Liegen z.B. Ferkel übereinander, so ist ihnen kalt. Ein Schwein mit einem aufgerollten Schwanz und aufgestellten Ohren fühlt sich in aller Regel wohl. Je eher wir mögliche Anzeichen einer Erkrankung erkennen und mit unserer Tierärztin über die weiteren Schritte entscheiden können, desto besser. Um in diesem Bereich noch sicherer zu werden, haben wir uns in den letzten Monaten mit den Möglichkeiten der homöopathischen Behandlung auseinandergesetzt und bereits erste Behandlungserfolge erzielt. Die Grundlage der Homöopathie ist die Beobachtung der Tiere. Damit wird die frühe Wahrnehmung für die kleinen Veränderungen geschult. Hier können wir noch vieles lernen.

Schön ist es, wenn wir mit dem Gefühl aus dem Stall gehen, alle Tiere sind fit und munter. Jeder Verlust eines Tieres schmerzt und hinterlässt auch die Frage, ob wir etwas versäumt oder übersehen haben.

Wenn wir Besuch in unserem Stall hatten, kam immer mal wieder die Frage „Warum …?". Wir gaben immer wieder neue Antworten mit dem gleichen Inhalt. So haben wir dann im April 2011 versucht, unsere Gedanken und Erfahrungen über unsere Tierhaltung zu ordnen und einfach mal aufzuschreiben:

„Unter Berücksichtigung eines achtungsvollen Miteinanders von Mensch und Tier möchten wir für uns und unsere Nachbarn gesunde Nahrungsmittel produzieren. Diese Nutztierhaltung dient unserem Broterwerb. Wir versuchen diese Nutztierhaltung nachhaltig und verständlich für Mensch, Tier und Umwelt umzusetzen. Die Grundlage für unser Handeln ist Beständigkeit, die nicht jeder Welle folgt und trotzdem flexibel genug ist, um neuen Erkenntnissen gegenüber offen zu sein."

Diese Gedanken hängen im Stallbüro und wir streben jeden Tag danach, ihnen treu zu sein. Sie sind also nicht nur ein Abbild unserer Gedanken, sondern auch ein Wegweiser für unser Tun.

Bereits in der Planungsphase für unseren Stall haben wir uns mit dem Thema Vertretung beschäftigt. Was machen wir, wenn wir auf eine Fortbildung oder in den Urlaub fahren wollen oder durch Krankheit ausfallen? Für diesen Fall haben wir mit einem ehemaligen Sauenhalter die perfekte Vertretung gefunden. Er hat uns schon reichlich an seinem Wissen teilhaben lassen.

Schon lange vor dem Einstieg in die Schweinehaltung haben mein Mann und ich unseren Hof für Schulklassen und andere interessierte Gruppen geöffnet. Da lag es nahe, auch im Bereich der Tierhaltung aktiv zu werden, besonders weil der Bedarf an sachlicher und fundierter Information in der Bevölkerung sehr groß ist. Im Frühjahr 2011 wurde vom Bauernverband Nordostniedersachsen mit Unterstützung durch VION, ein großes deutsch-holländisches genossenschaftliches Schlachtunternehmen, und VzF das Projekt „Landwirtschaft entdecken und entwickeln" ins Leben gerufen. Ziel ist es, Schulklassen Einblicke in die Landwirtschaft und Nutztierhaltung zu ermöglichen. Das Projekt will Schülern und Lehrern die moderne praktische Landwirtschaft nahebringen, ihr Bewusstsein für die Herkunft und Erzeugung wertvoller Nahrungsmittel schärfen.

Dieses halten wir für sehr wichtig, was das folgende Beispiel unter-
mauert: Eine Gruppe Stadtkinder besuchte im Rahmen einer Feri-
enaktion unseren Betrieb. Nach einem abwechslungsreichen Tag mit
vielen Erlebnissen und mit einem Beutel voller selbst aus der Erde
gebuddelten Kartoffeln kam das Kind abends nach Hause. Nach einem
Blick auf die Kartoffeln befand die Mutter: „Diese Kartoffeln sind dre-
ckig und somit nicht genießbar." Die Kartoffeln wanderten in den Müll.
Offensichtlich kannte sie nur gewaschene Kartoffeln aus dem Supermarkt. Was mag das Kind daraufhin gedacht haben?

„Tue Gutes und rede darüber." Jeder einzelne Landwirt mit seiner
Familie ist ein Botschafter für die Landwirtschaft. Je mehr wir unseren
Betrieb anderen gegenüber öffnen, umso mehr Möglichkeiten haben
wir, aus deren Rückmeldungen zu lernen.

Im Sommer 2011 sind wir von der VION gefragt worden, ob wir Interesse hätten und bereit wären, mit unserem Stall an einem Tierwohl-
projekt mitzuarbeiten.

Da Teile unserer Bevölkerung eine Veränderung in der Nutztierhaltung fordern und die Politik sich dieses Themas bereits angenommen
hat, war es für uns eine leichte Entscheidung hier mitzumachen, um
bereits vor möglichen gesetzlichen Veränderungen eigene betriebliche Erfahrungen sammeln zu können. Uns ist im Vorfeld gar nicht so
klar gewesen, was da im Detail für Veränderungen auf uns zukommen
würden. Wir hatten und haben ganz einfach ein Vertrauen zu unseren
Partnern. Die damit voraussichtlich verbundenen finanziellen Veränderungen für unseren Betrieb wurden zwar lang und breit berechnet,
aber es waren halt nur Annahmen. Es war uns schon klar, dass wir uns
hier auf dünnes Eis begeben würden. Trotz allem war dieses Thema für
uns spannend genug, um hier mitzumachen. Da mein Mann und ich
schon immer ein Bedürfnis hatten, zu tüfteln, zu versuchen oder etwas
zu verändern, sind wir selbst ein Baustein in diesem Projekt geworden.
Wir gehen hier nun gemeinsam in das dritte Jahr und wir haben es bis
jetzt auch nicht ansatzweise bereut.

Die Grundlage dieses Projektes ist ein Zusammenschluss unter-
schiedlichster Institutionen um Herrn Professor Dr. Achim Spiller von
der Uni Göttingen im „Beirat des Tierschutzlabels". Überzeugt hat uns
die umfangreiche wissenschaftliche Begleitung in diesem Projekt. Auch
hat sich erstmalig der Deutsche Tierschutzbund auf eine Zusammenarbeit mit konventionellen Betrieben eingelassen. Hier sehen wir eine

Möglichkeit, im Praxisbetrieb verbesserte Haltungsbedingungen zu entwickeln und zu erforschen. Wir sind mittlerweile 15 Betriebe in Niedersachsen und Schleswig-Holstein, die an diesem Projekt teilnehmen und die vom Labelbeirat erstellten Haltungs- und Produktionsbedingungen im Stall umsetzen. Diese sind für alle teilnehmenden Betriebe gleichermaßen verpflichtend. Auch die Kontrolle dieser Bedingungen vollzieht sich für alle Betriebe durch eine zusätzliche QS-Zertifizierung „Für mehr Tierschutz". Das bedeutet, dass die Tiere alle unter vergleichbaren Voraussetzungen gehalten werden. Für uns heißt das, dass wir heute auf den 1232 genehmigten Plätzen nur noch 864 Mastschweine halten, d.h., das Platzangebot pro Schwein hat sich um 50 Prozent erhöht. Befestigte Liegeflächen mit Einstreu oder Gummimatten zur Verbesserung des Liegekomforts werden bei uns versuchsweise intensiv angegangen. Für eine Bewertung ist es aber derzeit noch zu früh.

Die Forderung, dass den Nutztieren nichts mehr abgeschnitten werden soll, heißt beim Schwein, dass die Schwänze nicht mehr kupiert und die männlichen Tiere nicht mehr kastriert werden. Nicht kastrierte Eber sind mutiger und ein Schwein mit einem längeren Schwanz ist angreifbarer. Mit den nicht kastrierten Tieren und ihren dadurch veränderten Verhaltensweisen kommen wir mittlerweile gut klar.

Sorgen bereiten uns die langen Schwänze. Bis wir die Forderung von Verbrauchern und der Politik nach einem unversehrten Ringelschwanz erfüllen können, braucht es noch sehr viel an Forschung und Erfahrung. Um den Tieren in unserem Stall diese Umstellung zu erleichtern, bieten wir eine Fülle von Beschäftigungsmaterialien an. Diese neuerliche Form der Tierhaltung bedarf im täglichen Betrieb ein Mehr an Aufmerksamkeit, Individualität und somit auch an Zeitaufwand. Eine Reihe von zu erfüllenden Forderungen in diesem Projekt muss erst einmal auf ihre Praxistauglichkeit getestet werden. Da es nicht den Stall, den Betriebsleiter und auch nicht das Schwein gibt, ergeben sich aus diesem Projekt immer wieder neue Situationen, die man zu einem großen Teil in keinem Lehrbuch nachlesen kann. Der Erfolg der praktischen Umsetzung dieses Projektes hängt ganz wesentlich von dem Erfahrungsaustausch unter den beteiligten Betrieben und Institutionen ab. Wir fühlen uns dabei auf einem guten Weg.

Fakt ist, dass sich durch die beschriebenen Veränderungen beim Tier und im Stall auch das Verhalten der Tiere verändert hat. Fakt ist auch, dass wir hier versuchen, das Umfeld an die Tiere anzupassen. Was sich daraus letztendlich ergibt, ob wir belastbare Möglichkeiten finden, das Verhalten der Tier beschreiben, verstehen und zielführend beeinflussen zu können, das werden wir sehen. Fakt ist aber auch, dass Verbraucher, die dieses fordern, auch bereit sein müssen, diesen produktionsbedingten Mehrwert angemessen zu bezahlen. Das sehe ich als eine klare Grundlage der „Marktwirtschaft".

Das Leben besteht nicht nur aus Sonnenschein. Getrübt werden meine Tage manchmal durch die mediale Berichterstattung zum Thema Landwirtschaft, insbesondere die Nutztierhaltung, also zu unserem täglichen Tun. Niemand von uns ist vollkommen, aber jeder Mensch hat Anspruch auf einen fairen Umgang, auch ein Tierhalter. Leider sind pauschale Verurteilungen an der Tagesordnung. Eine sachliche Auseinandersetzung auf Augenhöhe wäre für alle Beteiligten förderlich. Diesem Thema können wir nur gerecht werden, wenn wir uns alle auf einen Dialog einlassen. Wir praktizieren es durch die Öffentlichkeitsarbeit auf unserem Betrieb und freuen uns über jeden, der sich in der Landwirtschaft vor Ort ein Bild macht.

Das Leben ist schön. Mein Leben zwischen Schreibtisch, Stall, Familie, Haus, Garten und Ehrenamt als Landfrau füllt mich aus. Was ich tue, tue ich gerne. In meinen 46 Lebensjahren habe ich sicher nicht jede

Möglichkeit wahrgenommen, aber ich bin zufrieden mit dem, wie es sich gefügt hat. Dankbar bin ich für meine Familie und all die vielen Menschen, die mich bisher begleitet, unterstützt und geprägt haben. Unsere drei Söhne besuchen zurzeit noch die Schule und sind dort oft bis in den Nachmittag gebunden. Daneben haben sie viele Hobbys. Alle drei sind mit den gängigen Arbeiten auf dem Hof und im Stall vertraut und helfen gerne, wenn es erforderlich ist. Die Neigung zu den Tieren und der Technik in der Landwirtschaft ist bei jedem individuell ausgeprägt. Ihnen wünschen wir eine glückliche Hand bei ihrer Berufswahl und der Gestaltung ihres Lebenswegs.

> *„Glück ist niemals ortsgebunden,*
> *Glück kennt keine Jahreszeit,*
> *Glück hat immer der gefunden,*
> *der sich seines Lebens freut."*
>
> Clemens von Brentano

Matthias Stührwoldt, Milchviehhalter in Schleswig-Holstein

Meine Kühe und ich

Ganz ehrlich: Ich bin kein sonderlich erfolgreicher Bauer. Und hätte ich keinen zweiten, relativ gut bezahlten Job und würde meine Liebste nicht außerhalb des Hofes ihrem Beruf nachgehen, dann könnten wir mit unseren fünf Kindern nicht von der Landwirtschaft allein leben. 75 Hektar Grünland, 50 Milchkühe, das ganze nach Bioland-Richtlinien seit 2002 – das hört sich alles gut an, aber das ist zum Leben zu wenig und zum Sterben zu viel. Sicher, hätte ich meine Schreiberei und meine Auftritte nicht, dann bräuchte ich auch keinen Mitarbeiter auf dem Hof und es bliebe mehr Geld für die Familie über, aber so habe ich einen sozialversicherungspflichtigen Arbeitsplatz geschaffen und ich bleibe Bauer. Kritiker mögen sagen, ich betriebe ein teures Hobby, aber ich erhalte einen Hof und mit ihm ein Stück ländliche Kultur; ich schaffe Arbeit im ländlichen Raum, und ich muss nur aus dem Haus gehen, Gummistiefel anziehen und bin dort, wo das Leben tobt: in meinem Stall, auf meinen Weiden, bei meinen Kühen. Und inmitten meiner Kühe, egal ob im Melkstand, drinnen oder draußen, wenn sie um mich herum sind und atmen und wiederkäuen, dann werde ich oft ganz ruhig, mein Atem wird regelmäßiger, langsamer und tiefer, und es dauert in der Regel nicht lange, bis mir die ersten Ideen für meine Texte kommen. Ich weiß natürlich nicht, ob es wirklich so ist, aber ich glaube: Wenn ich meine Kühe nicht hätte, wäre mir niemals etwas Gescheites eingefallen. Kühe sind die inspirierendsten Tiere der Welt, und es ist ein großes Glück, dass ich sie habe. Ich brauche sie für meine Existenz als Autor, und insofern sind sie viel mehr als ein teures Hobby. Auf diese Weise hängt alles mit allem zusammen, und nur zusammen ergibt alles einen Sinn. Ist das nicht schön?

Seit ich denken kann, sind Kühe da. Natürlich in Wahrheit viel länger, seit 1911 waren meine Vorfahren Bauern in Stolpe, und seitdem sind auch Kühe auf dem Hof. Meine Eltern haben 1962 geheiratet und den

Hof übernommen, und seit 1965 wirtschafteten meine Eltern auf dem Hof Wittmaaßen, den sie damals auf Leibrente dazu erwarben. Auf diesem Hof bin ich aufgewachsen; auf diesem Hof lebe ich nun mit meiner Frau Birte und unseren fünf Kindern. Seit 1998 wirtschafte ich hier, und es ist nicht leichter geworden. Aber es war niemals leicht, und es wird niemals leicht sein. Es geht einfach nur darum, irgendwie durchzukommen. Wenn man nicht alles versilbern will. Was für mich nicht in Frage kommt.

Als meine Eltern den Hof Wittmaaßen übernahmen, gehörte eine Jersey-Milchkuhherde zum Inventar. Erst nach und nach wurden die Jerseys durch Schwarzbunte ersetzt. Ich bin 1968 geboren, und meine ersten Erinnerungen an Kühe auf unserem Hof sind noch geprägt von diesen kleinen, graubraunen, glubschäugigen Milchkühen. Kuhstall und Wohnhaus befanden sich im gleichen Gebäude; man musste nur einmal aus der Küche raus, durch einen dunklen Gang in die Diele, und auf der anderen Seite der Diele rasselten die angebundenen Kühe mit ihren Ketten, wenn es Winter war. Eine wohlige, muffige Wärme kam aus dem Kuhstall, und als kleiner Junge saß ich oft hinter den Kühen im Mistgang auf einer Strohklappe und sah meinen Eltern beim Melken zu.

Im Sommer standen die Kühe Tag und Nacht auf der Weide und kamen nur zum Melken rein. Das war eine meiner ersten Aufgaben auf dem Hof: nachmittags die Kühe zum Melken von der Weide holen, sofern kein aggressiver Zuchtbulle in der Herde war. Dann durfte nur mein Vater auf die Koppel gehen, und auch er kam einmal nur knapp mit dem Leben davon. Einer der Gründe, warum ich heute komplett auf künstliche Besamung setze. Zu viele Bauern wurden Opfer ihrer Zuchtbullen. Mir soll es nicht ebenso ergehen.

Erstaunlich fand ich immer, wie sehr die Kühe im Stall an ihre angestammten Anbindeplätze gewöhnt waren. Wenn ich im Sommer die Kühe zum Melken reintrieb, stellten sich die allermeisten sofort auf ihren Platz und warteten geduldig darauf, angebunden zu werden. Nur wenn sie jung, neu oder bullig waren, liefen sie durch den Stall und hatten keinen Plan.

Meine Eltern hatten, als mein Bruder und ich Kinder waren, niemals Zeit für uns. Der Hof, die Arbeit, die Tiere gingen immer vor. Das hatte Vor- und Nachteile. Nachteilig war, dass es natürlich niemals Freizeitaktivitäten oder gar gemeinsame Urlaube gab. Der Vorteil war, dass wir innerhalb des uns gesteckten Rahmens – zum Kühefüttern oder -reinholen

hatten wir da zu sein – recht große Freiheiten genießen konnten. Wir machten einfach unser Ding, und wenn wir unsere Eltern brauchten, wussten wir, wo sie zu finden waren.

Wenn mit den Kühen irgendetwas nicht in Ordnung war, lief auch das Leben meiner Eltern nicht rund. Stand eine Geburt an, stand mein Vater nachts alle zwei Stunden auf, und wenn eine Kuh krank war, ging es auch meinen Eltern nicht gut. Bedrückt saßen sie dann am Esstisch herum, und mein Bruder und ich hielten lieber die Klappe.

Und ich lernte, dass – egal, was auch geschieht – immer gemolken werden muss. Das sind die zwei großen Gewissheiten im Leben der Milchbauern: Abends wird gemolken und morgens wird gemolken. Gleich, wie der Tag war, voller Glück, voller Unglück, ob krank, ob gesund: Es wird gemolken. Das kann grausam sein, aber es ist auch tröstlich. Das Leben geht weiter. Niemals werde ich vergessen, wie es war, nachdem 1982 der geliebte Bruder meiner Mutter früh an Krebs gestorben war: Meine Eltern saßen in der Küche, haben geweint, gehadert, gezweifelt. Und dann sind sie rausgegangen zum Melken.

Damals gab es auf dem Hof neben den Kühen auch noch Mastschweine und – in geringerem Ausmaß – Hühner und zum Teil auch Mastgeflügel. Für mich war von Anfang an klar: Kühe mag ich. Schweine sind so mittel, Geflügel ist dumm und hässlich. An dieser Einschätzung hat sich bis heute nichts geändert, und ich bin heilfroh, dass meine Eltern in den achtziger Jahren die Schweine abgeschafft haben und nicht etwa die Kühe. Diese Entscheidung war aber nur folgerichtig, denn unser Land ist zum großen Teil absolutes Grünland, und da ist die Ausrichtung auf Rinderhaltung nur logisch.

Anfang der Neunziger wurde ein Boxenlaufstall für fünfzig Kühe gebaut, während die Jungtiere weiter über Winter im Anbindestall standen. Im Jahre 1998 habe ich den Hof von meinen Eltern übernommen
und 2002 auf biologische Landwirtschaft umgestellt. Der entscheiden-
de Anlass zur Umstellung war damals, dass es nicht mehr möglich war,
konventionelles Kraftfutter einzukaufen, das zu akzeptablen Preisen
frei von gentechnisch veränderten Rohkomponenten war, und mit dem
Scheißdreck, da war ich mir sicher, wollte ich nichts zu tun haben.

In den ersten Jahren nach der Hofübergabe haben meine Eltern noch
viel mitgearbeitet, aber das ist jetzt endgültig vorbei. In diesem Jahr werden sie beide achtzig, und so gern sie auch noch arbeiten würden, wenn
sie denn könnten: Es geht nicht mehr. Jetzt bin ich der Bauer; jetzt bin
ich derjenige, der nachts aufsteht und nach einer Kuh guckt; jetzt bin ich
der, dem es schlecht geht, wenn die Kühe krank sind. Was waren das für
furchtbare Tage, als mir vor Jahren ohne Absprache einige Tage früher
Kraftfutter geliefert wurde, das Silo überlief und die Kühe sich reihen-
weise daran überfraßen. Am Ende kamen sie alle durch, aber bis das klar
war, hatte ich eine schlimme Zeit. Und – auch das gehört dazu – jetzt bin
ich derjenige, der mit Tränen in den Augen auf dem Hof steht, nachdem
er gerade eine besonders lieb gewonnene, alte Kuh zum Schlachter geschickt hat. Denn auch wenn sie über lange Jahre meine Gefährten sind
und zu meinem Leben dazu gehören: Am Ende sind es doch Nutztiere,
und der Zwang, mit ihnen Geld zu verdienen, kann manchmal schon
ziemlich schmerzhaft sein. Ich heule dann still in mich hinein und fühle
mich wie ein Verräter. Aber das geht vorbei.

Insgesamt liebe ich es, Milchbauer zu sein. Vom Kopf her und vom
Herzen her. Es ist genau die Art von Tierhaltung, die ich vor mir selbst
rechtfertigen und gutheißen kann: Ich nutze überwiegend Grünland, das
für die menschliche Ernährung direkt nicht nutzbar ist. Insofern stehen
meine Kühe, anders als Schweine und Geflügel, nur zum geringeren Teil
in Nahrungsmittelkonkurrenz zum Menschen. Meine Tiere sind im Sommer Tag und Nacht auf der Weide und kommen nur zum Melken rein.
Und im Winter stehen sie in einem Stall, dessen Türen offen bleiben.
Jeder kann hineinschauen; ich muss nichts verstecken. Und ich kriege
Luft. Ich kann tief einatmen. Das ist in den meisten Schweine- und Ge-
flügelställen anders. Fast täglich fahre ich am großen Schweinemaststall
meines Nachbarn vorbei, und jedes Mal engt es mir die Atemwege ein,
schon beim Vorbeifahren, und dann denke ich: Wie muss es erst sein, in

solch einem Stall zu arbeiten? Oder zu leben? Und jeden, der angesichts einer solchen Tierhaltung nicht einmal den Anflug eines beklemmenden Gefühls verspürt – weil es vielleicht sein Arbeitsplatz ist, weil es vielleicht schon immer so war –, möchte ich fragen, ob das Fehlen dieses beklemmenden Gefühls möglicherweise nichts anderes als ein Anzeichen einer gewissen Abstumpfung sein könnte. Bei alldem weiß ich, wie schwer es ist, über Sinnfragen nachzudenken, wenn man in einem Stall arbeitet, der noch lange nicht bezahlt ist, und man muss in jedem Falle weitermachen, allein schon, um den Kapitaldienst zu leisten, aber kann es sinnvoll und ethisch vertretbar sein, Fleisch mit großem Aufwand unter fragwürdigen Bedingungen mittels Einsatz von dringend benötigten Lebensmitteln zu produzieren? Diese Frage muss sich jeder selber stellen (und beantworten), aber wie gesagt: Ich bin froh, dass meine Eltern damals die Schweine abgeschafft haben – statt der Kühe.

Und wenn ich nun des Sommers am frühen Morgen über meine taunassen Weiden schlurfe, um meine Kühe zum Melken zu holen, dann spüre ich einfach, dass es gut und richtig ist, was ich tue. Durch meine Stiefel dringt die Kühle des Morgens; der frische Tag liegt neu und unverbraucht vor mir, und dann liegen meine Kühe dort, im Dunst des Morgens, in losen Freundschaftsgruppen über die Weide verteilt. Die meisten schlafen nicht mehr; sie haben die Köpfe oben und käuen wieder, ganz entspannt, so unendlich entspannt liegen sie da, als ginge ihnen die ganze Welt am Arsch vorbei, und oft wünsche ich, ich könnte auch einfach so da sein und wiederkäuen und mir die Welt am Arsch vorbeigehen lassen, ohne Sorgen, ohne Plan für morgen, einfach so. Gleichgültig lassen sie sich von mir hochjagen und scheißen erst mal. Träge und langsam, langsam, bloß nicht zu schnell trotten sie Richtung Stall, und fasziniert schaue ich ihnen dabei zu, wie sie ihren in mühsamer Kleinarbeit ins Gras getretenen, leicht krummen, zittrigen Trampelpfad weiter pflegen. Die meisten jedenfalls, aber es gibt auch immer jene, die abseits des Trampelpfads gehen – gleiche Richtung, aber nicht in den Fußstapfen der anderen. Individualisten eben, aber auch sie landen am Ende im Stall. Und oft, wenn ich morgens hinter meinen Kühen hergehe, um sie Richtung Stall zu treiben, könnte ich heulen vor Rührung darüber, wie schön das alles ist, und für einen Moment vergesse ich, wie bedroht das alles ist. Da sind nur meine Kühe und ich. Wenn man alles rechnet, rein ökonomisch, dann machen sie mich jeden Tag ein bisschen ärmer. Aber sie machen mich auch reicher, als Mensch.

Meine Kühe: Manchmal, sonntagnachmittags, wenn ich müde bin und gern auf dem Sofa bliebe, verfluche ich sie, aber meistens ist es nichts weiter als ein Segen, dass sie da sind. Und ich hoffe, sie bleiben noch lange. Nicht nur für mich, auch für andere. Denn die Kuh auf der Weide stirbt aus. Kürzlich erst saß ich gemeinsam mit Dr. Gerth, dem Naturschutzbeauftragten des Landes Schleswig-Holstein, bei einer agrarpolitischen Veranstaltung auf dem Podium. Ich erzählte davon, wie ich meine Kühe halte, und Dr. Gerth sagte den Leuten im Publikum, sie sollten, wenn sie Milchkühe auf der Weide entdeckten, Fotos davon machen. Diese könnten sie in zwanzig Jahren den Kindern zeigen, denn dann gäbe es so etwas wohl nicht mehr zu sehen. Und ich befürchte, er wird recht behalten. Denn während ich diese Zeilen schreibe, sind die Milchpreise gut und die Bauern bereiten sich auf das Wegfallen der Milchquote vor. Es wird gebaut wie blöd. Milchviehställe. Keiner kleiner als für 250 Kühe, in der Regel mit der Option, den Stall zu spiegeln, um ihn auf 500 Kühe aufzustocken. Diese armen Tiere sehen die Weide dann aber nur von Weitem. Sie leben im Stall, in der Regel ihr ganzes Leben lang. Das ist möglich, klar, und die ersten Wissenschaftler faseln in den landwirtschaftlichen Wochenblättern davon, dass es tierfreundlicher als Weidehaltung sei, schließlich gebe es dann keine Probleme mit Weideparasiten, aber ehrlich: Es ist auch fies. Das weiß jeder, der mal gesehen hat, wie Kühe vor Freude zu tanzen beginnen, wenn sie nach einem langen Winter zum ersten Mal wieder im Gras

herumspringen können. Diese tierische Freude gibt es nur auf der Weide, und der Tag des Weideaustriebs ist für mich wieder und wieder der
schönste des ganzen Jahres. Ich kann mich daran einfach nicht sattse-
hen, und ich freue mich schon sehr darauf. Bald ist es wieder so weit,
und meine Kühe stehen wieder auf der Weide. Und, nebenbei gesagt:
Ich will alles dafür tun, dass die Kinder in Stolpe auch in zwanzig Jahren noch Milchkühe auf der Weide stehen sehen. Denn ich finde nun
einmal, dass das ihr Platz ist. Da gehören sie hin. Und nicht in den Stall,
ein Leben lang.

Dorle Kümmel, Milchviehbäuerin in Baden-Württemberg

Kuhgeflüster 2013

Heute liegen sie unschuldig und einträchtig nebeneinander – die schöne Locke, die edle Himalaya, die scheue Hola, die stolze Renate, die unwirsche Emilia, die zutrauliche Bea, die alte, dicke und dennoch sportliche Antigone, die riegeldumme Helga, die rücksichtslose Bämull, die unauffällige Hasi, die zickige Harpune … und abseits die eigenwillige Haiti, die noch niemals in einer Liegebucht gelegen ist, sondern immer davor auf dem Laufhof liegt (Spitzname „Drecksau"). „Ich mag sie alle irgendwie, und heute Morgen könnte ich sie alle umarmen", denke ich so auf dem Weg zum Kuhstall, „einfach so, ohne Grund." Nein, ich bin kein Rinderflüsterer und kann nicht ihre Gedanken lesen. Sie machen nur widerwillig oder gar nicht, was ich von ihnen will. Sie ärgern mich, wenn sie Schwächere drangsalieren und ihnen eins reinhauen mit ihren Hörnern. Dennoch liebe ich sie auch und kann und muss sie so nehmen, wie sie sind. Ein Leben ohne die Kühe wäre völlig anders, sie bestimmen den Tagesrhythmus und allzu oft auch meine Stimmung. Ich glaube dennoch, für ein ganz normales ruhiges Leben ohne Kühe und Katastrophen tauge ich nicht mehr.

Januar: Schwerer Start gleich am 5. Januar: Schwergeburt bei Kuh Hasi, mit Geburtshelfer und Homöopathie. Langsam ging es voran, dann stockte es. Wir riefen den Tierarzt an, machten weiter. Der Tierarzt und das Kalb kamen schließlich gleichzeitig. Das Kalb war riesig, aber lebte nicht mehr, hatte zu lange im Geburtsweg gesteckt. Ich versuchte lange es wiederzubeleben, umsonst, es sollte nicht sein. Der Tierarzt war dennoch zufrieden mit mir, weil die Kuh nicht verletzt war. Er brauchte nichts nähen. Die Kuh konnte zunächst nicht mehr aufstehen durch Nervenquetschung. Blöderweise hatten wir die Geburt im Melkstand abgewickelt, weil man da die Kuh vorne anbinden konnte und die Kühe ruhiger waren als in der Abkalbebox. Wie sollte ich nun

melken? Als wir nach einer kleinen Vesperpause wieder in den Stall kamen, hatte sie selbst das Problem gelöst und sich gerade mal so aus dem
Melkstand geschleppt – die anderen konnten dran vorbei. Dort blieb sie
die nächsten zwei Tage liegen – trotz weiterer Tierarztbesuche und Infusionen –, fraß und soff und lag mal auf der rechten, mal auf der linken
Seite. Das machte Hoffnung. Am Mittag des zweiten Tages zogen wir sie
mit einem langen Lasso auf den Laufhof und sie versuchte mitzuhelfen,
dann haben wir sie mit der Hüftklammer hochgehoben und schließlich
in einem Tragetuch an den Frontlader gehängt. Schwebend verließ sie
den Laufhof über das schwenkbare Gitter über der Vorgrube, um in der
Kälberbucht mit dicker Mistmatratze bessere Chancen zum Aufstehen
zu haben. Am dritten Tage stand sie dann, als sei nichts gewesen, und
ist inzwischen wieder trächtig. Mich selber hatte es nun aber reingehau-
en: eine schwere Grippe. Das Arbeiten war noch wochenlang mühsam
und das schimmelige Silofutter, das ich immer aussortieren musste, ver-
schlimmerte alles. Ein Öchsle musste noch zum Schlachten, der Termin
stand schon lange fest. Das Verladen war wie immer völlig unspektakulär. Homöopathie, Bachblüten, ein Eimer Getreideschrot und das groß-
zügige Fahrzeug unseres Viehhändlers, der den Transport machte, sowie
die Illusion des Tieres, dass es ja bei diesem Tor zur Weide rausgehe,
erledigten den Abschied binnen fünf Minuten. Es fiel mir nicht schwer,
ihn auf diesen letzten Weg zu locken. Ich nahm ihm die Angst. Da ich
glaube, dass auch Tiere eine Seele haben, weiß ich, dass der Schlachthof
nicht das Ende ist – sozusagen: Das Beste kommt noch.

Februar: Ich war angefragt worden, ob ich für eine Rinderzüchter-
Versammlung jemanden wüsste, der einen Vortrag über Homöopathie
bei Rindern halten könnte. Der sehr sympathische Bauer, der mich an-
rief, praktizierte selbst ein wenig Homöopathie im Stall und hoffte, andere begeistern zu können. Es sollte eine etwa einstündige Vorstellung
dieser alternativen Medizin sein (plus eine halbe Stunde für Fragen),
eingebunden in eine ganz normale Jahresversammlung. Obwohl ich seit
über zehn Jahren einem Arbeitskreis für Tierhomöopathie angehöre,
fiel mir einfach niemand ein, den man guten Gewissens hätte fragen
können, in fünf Wochen einen Vortrag zu entwerfen und vom Hohenlohischen in den Nordschwarzwald zu fahren. Gleichzeitig war die Ver-
breitung der Homöopathie schon lange ein wichtiges Anliegen von mir,
und so beschloss ich als seit 20 Jahren begeisterte Praktikerin, es selbst
zu übernehmen. Da die diesjährige Grippewelle auch mich heimsuchte,

entstand dann etwas Zeitdruck und auch Selbstzweifel. „Ausgerechnet ich mit meinen 19 Kühen und etwas Nachzucht soll diesen gestandenen Milchviehspezialisten und Züchterprofis etwas beibringen?!" Ich war schon vor einiger Zeit aus dem Zuchtverband ausgetreten – weil mein Zuchtziel die Langlebigkeit und Robustheit eines Tiers war und nicht dessen Größe. Entzündet hatte sich mein Ärger an dem Ausspruch des Zuchtwarts „So kleine Kühe wie diese da (die fast weiße Hazzel) schau ich mir gar nicht an." Tatsächlich hatte Hazzel mir – vielleicht aus Dankbarkeit, dass ich immer zu ihrer (kleinen) Größe und Zartheit gestanden hatte – in 13 Lebensjahren neun Kälber geschenkt, ohne krank geworden zu sein, und den Tierarzt brauchte sie nur zum Besamen. Als sie dann nicht mehr trächtig wurde, habe ich sie noch lange abgemolken, bis sie wirklich keinen Liter Milch mehr gab.

Endlich war der Vortrag fertig, der Geschichtliches, eigene Erfahrungen und praktische Tipps verknüpfte. Ich entwarf noch ein Übersichtsblatt für die Bauern zum Mit-nach-Hause-Nehmen – meine Kids würden es „Hand-out" nennen –, damit sie wirklich das Rüstzeug hatten, einmal was auszuprobieren und genau wie ich durch eigene Erfahrungen Feuer zu fangen. Außerdem sparte ich mir damit das Buchstabieren der schwierigen Namen der Medikamente. Das Hauptproblem bestand für mich darin, klar genug auszudrücken, dass ich seit einer Änderung der Rechtslage vor einigen Jahren nicht einfach die Homöopathika aus der Apotheke nehmen darf, sondern sie müssen durch den Tierarzt für Tiere umgewidmet werden bzw. man nimmt umgewidmete Mittel von veterinärpharmazeutischen Firmen. Mit meiner ältesten Tochter – die gerade Semesterferien hatte und mich freiwillig begleitete – übte ich auf der Hinfahrt im Auto noch auf alle Stolperfragen zu dieser Rechtssache politisch korrekt zu antworten – und das war gut so. Neben den Bauern hatte sich nämlich auch ein Amtsveterinär zur Versammlung gesellt, der immer wieder nachfragte und mich ins Schwitzen brachte. Neben der großzügigen Aufwandsentschädigung, Lob und Dank (auch vom Amtsveterinär) und einem Buch über Kuh-Kunst (durch alle Epochen) war die schönste Entlohnung zu merken, wie die Bauern, die am Anfang (bei der kurzen Geschichte der Homöopathie) immer noch nicht ruhig waren, merklich stiller wurden, gebannt lauschten, und mich am Ende mit Fragen bombardierten. Jedenfalls war es eine tolle Herausforderung an meinen Kopf und ich hoffe, dass es Alzheimer entgegenwirkt.

März: Frieder und die Kinder waren beim Skifahren und ich freute mich auf einen spätwinterlichen gemütlichen Sonntag mit mir allein. Kein Kochen. Zeit, um im Stall Radio hörend alles in Ruhe perfekt zu machen, alles schön abzuschieben und reichlich einzustreuen. Ich war zufrieden und aß ein Käsebrot in der Küche, als ich ein Auto langsam von der hinteren Einfahrt her in den Hof rollen sah. Hofladen-Kundschaft am Sonntag – das kommt schon mal vor, aber ich hatte eigentlich keine Lust rauszurennen, also wartete ich ab. Das Auto hielt nicht vor dem Laden, sondern vor dem großen Windschutznetz der Außenliegebuchten, das wegen der Witterung unten war, allerdings nicht gesichert. Nach einer Weile stieg eine Frau verstohlen aus dem Auto, zog einen Fotoapparat aus der Tasche und lupfte das Windschutznetz, um die Kühe fotografieren zu können. Aha, dachte ich, jetzt sind die Tierschutzfanatiker auch bei uns zugange. Es gab in unserem Landkreis Einbrüche in Ställe, um Fotos zu machen, die zwar Dreckbollen an der Hinterseite zeigten, aber kein erkennbares Tierleiden. Mit Blutdruck 180 versuchte ich gelassen auf den Hof zu gehen und höflich zu fragen, was sie denn hier eigentlich fotografierte. „Nur privat", war die Antwort. Namen wollte sie keine nennen „Okay", sagte ich, „jeder kann unseren Stall und unsere Kühe anschauen, wir haben ja auch immer Kundschaft und Spaziergänger auf dem Hof, aber beim Fotografieren wüsste ich doch gern, was Sie damit vorhaben. Sie dürfen gerne fotografieren, solange Sie das nicht veröffentlichen und womöglich manipulieren. Da möchte ich die Bilder vorher sehen und die Kommentare. Sie könnten zum Beispiel meine Haiti („Drecksau"), die aus erklärbaren Gründen dreckiger ist als der Rest, fotografieren und im Internet dazu schreiben: ,So sehen die Kühe auf dem Kreuthof aus.' Das wäre natürlich unfair." Inzwischen war der Fahrer des Autos hinzugestoßen. Drecksau schien zu ahnen, was los war. Sie zeigte sich wider Erwarten die ganze Zeit nicht, sie blieb irgendwo tief drinnen im Stall versteckt. Überhaupt waren nur schöne Kühe sichtbar. Ich wirkte nach außen hin immer noch gelassen. Sie fotografierte weiter die in meinen Augen fast sauberen Flanken dieser Tiere. Endlich rückte sie mit der Sprache überhaupt und ihrer Sichtweise der Dinge raus: „Die Kühe haben ja Dreckbollen und hier müssen sie durch den Kot waten, und die frieren ja bestimmt und die Liegebuchten müssten auch mal wieder ausgemistet werden." Ich wusste gar nicht, wo ich anfangen sollte zu erklären, so daneben fand ich diese Sichtweise. „Also die Tiefboxen brauchen eine

Mistmatratze, damit sie es im Winter schön warm haben, und diese hier ist fast top und die paar Dreckbollen, das lässt sich nicht vermeiden." Zu dem einen Quadratmeter, auf dem etwa ein halber Zentimeter Kot nur abends abgeschoben wird, sagte ich besser nichts, so lächerlich war das. „Natürlich kacken die Tiere im Laufstall, wo sie wollen, aber finden Sie deshalb einen Stall besser, wo die Tiere immer angebunden sind und nie ins Sonnenlicht rauskommen?!" Jetzt kam ich richtig in Fahrt. Ich konnte gar nicht mehr aufhören, unseren Außenliegebuchten-Stall als das tierfreundlichste Haltungssystem zu loben. Während sie allen Argumenten unzugänglich blieb und gar nichts sagte, schien ihr Begleiter zu kapieren und sagte: „Diesen Kühen geht es, glaube ich, wirklich besser als den meisten. Ich glaube, hier finden wir keine leidenden Tiere." Leidende Tiere? Ich erklärte ihm nochmals, dass dies hier in Kombination mit unserer Weidehaltung das Beste ist, was man Kühen bieten kann. Dann hatte ich genug. Ich verabschiedete mich kurz angebunden. „Komisch", dachte ich, „die süßen kleinen Kälbchen mit ihren blauen Fleece-Mäntelchen, die fünf Meter weiter stehen, fotografiert sie nicht." Ich schrieb mir die Autonummer auf – für alle Fälle. Die zwei diskutierten noch lange am großen offenen Tor, das den Blick zum Fressgitter freigab. Sie fotografierte fast unentwegt. Was eigentlich? Nach einer weiteren Viertelstunde fuhren sie weg und hinterließen eine ratlose aufgewühlte Bäuerin.

April: Kleiner Schock: „Paula ist ein Zwitter." Sie konnte kein Kalb bekommen. Paula war eine jener Ausnahmen, die schon als Kalb einen Namen bekamen, weil meine Tochter sie auf dem Ostermarkt vorführte (reine Volksbelustigung ohne züchterischen Tiefgang). Paula ließ alles

mit sich machen, hörte auf ihren Namen, aber irgendwann, als die Pubertät längst eingesetzt haben müsste, kam es mir komisch vor, dass ich sie nie in der Brunst sah. Ich fragte den Tierarzt, als er wegen eines anderen Rindes da war, ob er mal nachschauen könne … Ja, und das war dann das Todesurteil, besser Schlachturteil. Was würden die Kinder dazu sagen? Ich erzählte nichts. Der Kontakt zu Paula war sowieso zum Erliegen gekommen – nur gelegentlich fragte jemand nach ihrem Befinden. Paula zu verabschieden, war trotzdem schwerer für mich. Die Distanz, die ich gerade bei den Rindern immer bewahrte, gab es hier nicht. Sie wäre eine bildschöne Kuh geworden. Gut, dass ich sie nur bis in den Viehanhänger bringen und nicht selbst beim Schlachten dabei sein musste. Nun ist Paula im Kuhhimmel und der Rest verkauft oder in der Gefriertruhe.

Irgendwann ist auch der längste Winter zu Ende, und das war dieses Jahr erst so richtig Ende April der Fall. Die wenigen schönen Tage im April nutzten wir dennoch, um die Kühe das erste Mal nach dem Winter rauszulassen. Das ist immer einer der schönsten Augenblicke, wenn die Kühe wie die Wilden zur Weide rennen und vor Freude auf der Weide in die Luft springen.

Mai: Der Mai blieb nass und kalt und damit auch meistens das Tor zur Weide hin zu. Auf der Rinderweide wollte einfach gar nichts wachsen und sie bekamen weiter Silofutter und Heu. Mensch und Tier warteten auf den Sommer. Schwierig war es, eine Entscheidung fürs Silo-Mähen zu treffen, da immer nur ein bis zwei Tage gutes Wetter angekündigt waren. Wir riskierten es doch – hatten einen guten Riecher oder einfach Glück – und fuhren reichlich gutes, wenn auch etwas zu früh gepresstes Futter ein.

Juni: Im Juni musste alles nachgeholt werden, was im Mai nicht mehr ging. Das Futter für den halben Winter musste nun in kürzester Zeit geheut und die Neuansaaten noch siliert werden. Glücklicherweise gab es im Stall und auf der Weide keine besonderen Schwierigkeiten. Himalaya brachte ganz allein Zwillinge zur Welt, die bereits aufstehen konnten, bis wir dazukamen.

Juli: Die gigantische 15 Kilometer breite Hagelfront war mit voller Wucht über unseren Hof und alle Felder hinweggewalzt und hatte eine Schneise der Zerstörung hinterlassen. Wir wollten gerade nach dem Dreschen noch den Traktor in die Halle stellen, als bis tennisballgroße Hagelkörner herunterprasselten und das Geräusch von krachendem

Eternit an Polterabend oder Krieg erinnerte. Sobald der Spuk vorbei war, suchten wir nach unseren Rindern. Diese hatten wohl Glück gehabt, dass sie den Schatten der Büsche gesucht hatten, weil dem Unwetter eine große Schwüle vorausgegangen war.

August: Mein erster Urlaub seit 19 Jahren mit meinen zwei ältesten Töchtern. Die Woche davor wurden noch vier alte abgemolkene Kühe zum Schlachten gebracht – nur noch zwölf Kühe zu melken während des Urlaubs. Im Melkstand frischte ich mit Kopfhörer und MP3 noch mein Lettisch auf, die Zwiebeln erntete ich noch, mehr schaffte ich nicht mehr ... Mit dem Fernbus fuhren wir nach Lettland. Wiedersehen mit unserem verschollenen alten Freund Juris, dem Grab meines Mannes und den Cousinen in Riga. Wir erkundeten Kirchen, Schlösser, Schulen, Städte, trafen liebenswürdige Alte und Junge, aggressive Busfahrer und Hunde, lettische Braune („Kühe") und viele Mähdrescher, die Kultusministerin (zufällig) und homöopathisch arbeitende Tierärzte.

Zwei Tage nach der Rückkehr, am 24. August, brachte unser Viehhändler die sechs Kühe (Antigone, Bianca, Renate, Bea, Birke und Amelie), die ich von meinem Kollegen Ziegler in Göppingen-Faurndau gekauft hatte. Er gab die Viehhaltung rentenhalber auf und uns seine besten Kühe. Wir ließen an diesem Tag zuerst unsere Kühe auf die Weide, damit sich die Neulinge ungestört an den Stall gewöhnen konnten. Erst als sie am späten Abend zurückkamen, wurden die ersten Rangkämpfe ausgetragen. Obwohl die Zieglerinnen allesamt größer und fetter waren und meine Kühe beim Zweikampf Meter für Meter zurückweichen mussten, trauten sich die Neuen zunächst kaum aus ihrem Eck am Ende des Stalls. Am nächsten Tag wollte ich meine Kühe auf die Weide lassen und die Neuankömmlinge zurückhalten, aber Letztere mischten sich wider Erwarten unter die rausstürmenden Altkühe, sodass es nichts mehr zurückzuhalten gab. Meine Kühe kannten ja den Weg zur Weide und so kamen alle dort an. Unser Adrenalinspiegel stieg abrupt an, als die Neuen Richtung Elektrozaun rasten. In letzter Sekunde gab es noch eine Vollbremsung und sie liefen am Zaun entlang weiter. Alles lief bestens und die Neulinge legten sich später in Sichtweite der anderen, aber mit deutlichem Abstand nieder. Wir feierten nachmittags den 18. Geburtstag unserer Tochter Lana und so machte ich mich erst in der Dämmerung auf den Weg, um das Fest nicht zu stören. Bis ich die Faurndauer Kühe entdeckt hatte, waren meine Kühe schon auf dem Weg zum Hof. Ich näherte mich ihnen vorsichtig, laut vor mich hin schimpfend und rufend, wie man es macht, um Tiere nicht zu erschrecken. Auf der rechten Seite blinkten die Augen von zwei Füchsen. Und plötzlich sprangen die weideunerfahrenen Kühe wie von der Tarantel gestochen auf und rannten zum rückwärtigen Ende der Weide. Werden sie den Elektrozaun sehen? Ich rannte nur ein kurzes Stück hintendrein, dann sah, besser ahnte ich auf die Entfernung, wie sie den Zaun durchquerten. Ich rannte zurück, sperrte meine Kühe ein und berichtete Frieder und unserem Nachbarn, die noch am Feiern waren, was geschehen war, Mit zwei Autos versuchten wir, die Tiere zu finden. Da kam ein Anruf von einem befreundeten Kollegen: „Vermisst ihr Rinder? Die Polizei hat gerade bei uns angerufen, da seien mindestens acht Rinder auf der Straße kurz vor Heiningen gesichtet worden, die seien in Richtung Ortsmitte unterwegs." Klar, wir suchten sie ja schon. Erstaunlich, dass sie schon so weit gekommen waren. Wir durchquerten Heiningen in allen Richtungen, trafen immer wieder Polizeifahrzeuge (oder war es stets das gleiche?), und fast alle Heininger Bauern in ihren Autos hielten mal kurz an, um Infos auszutauschen, die immer gleich lauteten: „Keine Kuh gesichtet". Nach zwei Stunden gaben wir auf. Es war pechschwarze Nacht und keine Chance sie zu sehen, wenn sie mehr als zehn Meter vom Weg entfernt waren. Sobald es hell wurde, fuhren wir wieder mit dem Auto auf dem Feldweg Richtung Heiningen. Da kam uns ein Kollege mit dem Fahrrad auf dem Weg zur Arbeit entgegen. Er hatte sie entdeckt: Auf einer Wiese vor Heiningen lagen fünf Kühe, etwa 50 Meter vom Weg entfernt. Wir wollten sie mit einer Weidelitze einkreisen und festsetzen, aber als wir auf 15 Meter herangekommen waren, standen sie rasch auf, um loszupreschen. Zieglers Kühe waren aber gewohnt, dass man ihnen einen Strick um den Kopf bindet und die Bea war besonders zutraulich. So gelang es mir, der etwas langsamen Kuh ein perfektes Maulband zu knoten und sie zu führen. Ich hoffte, die anderen würden bei dieser Kuh bleiben und nicht in Panik geraten, was auch einigermaßen gelang, obwohl sie häufig ein Stück voraus waren. Während des 1,5 Kilometer langen Nachhauseweges musste ich schwer dagegenstemmen, damit Bea nicht losstürmte, und ich redete permanent beruhigend, aber laut mit ihnen. Ein Kollege konnte eine weitere Kuh anbinden, die sich Richtung Jebenhausen absetzten wollte. So kamen wir mit einem Trupp von fünf Kühen vor dem Hof an. Oma und die Kinder hatten noch die Litzen so gespannt, dass sie in den Stall gelenkt wurden. Aber wo war Kuh Nummer sechs? Wer fehlte? Antigone fehlte,

eine fast neun Jahre alte, fette, riesige Kuh. Wir informierten die Polizei. Wir suchten sie überall und fürchteten gar, sie würde zurück in Zieglers Stall laufen. Wie gut ist der Orientierungssinn der Kühe? Am Nachmittag gaben wir auf. Frieder reparierte stundenlang den hinteren Weidezaun. Als er gerade fertig war, kam ein Geräusch vom benachbarten Wochenendgrundstück. Er ging der Sache nach, und da stand Antigone hinter dem knapp 2 Meter hohen Maschendrahtzaun. An einer Stelle war er leicht heruntergedrückt, kaum zu erkennen. Ich kam hinzu und merkte, dass die Kuh total durch den Wind war. Sie ließ sich zwar von mir anbinden, aber sobald ein Jogger oder Hund kam, versuchte sie zu fliehen. Ich orderte sicherheitshalber einen Viehtreibwagen, denn diese Kuh war unberechenbar. Der Treibwagen unseres Kollegen war nicht weit entfernt und da sperrten wir sie ein. Sie versuchte dann noch die 2 Meter hohe Stange des Treibwagens zu überspringen, aber ich hatte sie glücklicherweise vorne angebunden. So schafften es nur die Vorderfüße auf die oberste Stange und sie rutschte wieder ab. Endlich waren die 200 Meter bis zum Hof geschafft, ich aber auch. In den nächsten Tagen durften immer nur ein bis zwei Zieglerinnen mit auf die Weide. Inzwischen sind sie ganz anständig, aber mit der Integration hat das immer noch nicht vollständig geklappt.

September: Während des Urlaubs hatte sich Kuh „Hippi" nach einer Schwergeburt (Fehllage des Kalbes) die Hinterbeinsehnen gerissen. Mit ihrer hibbeligen Art war sie schon immer ein Unglücksrabe, dennoch zäh wie Leder und hart im Nehmen: Als einzige Kuh hatte sie vor acht Jahren eine Klauenamputation (infizierte Schnittwunde) über sich ergehen lassen müssen, um ihr Leben zu retten, und sie lief seither rechts vorne nur auf einer Klaue und wäre auch beinahe diesen Sommer wegen einer Schwanzverletzung verblutet. Sie zeigte auch diesmal Kampfgeist und ich tat alles, was in meiner Macht stand. Leider blieb das erhoffte Wunder aus und ich musste zwei Wochen später die Entscheidung für den Abschied von meiner Hippi treffen und sie einschläfern lassen, um ihr weiteres Leiden zu ersparen.

Oktober: Vielleicht war das alles ein bisschen zu viel. Jedenfalls wurden meine Magenschmerzen zum Normalzustand und mir war oft schlecht. Als noch Brechreiz dazukam, ging ich zum Notdienst und wurde ohne weitere Untersuchung mit Säureblockern nach Hause geschickt. Noch eine Woche kämpfte ich brechend und fastend und trotzdem noch irgendwie melkend und fütternd weiter, bis wir endlich einen Facharzttermin für eine Ultraschall-Untersuchung bekamen. Mittlerweile entleerte mein Magen alle Stunde einen halben Liter brennende Säure. Ich wurde ohne Umweg direkt ins Krankenhaus geschickt: Totalverschluss durch Zwölffingerdarmgeschwür. Dank Antibiotika und Infusionen war keine OP nötig und ich entließ mich selbst vier Tage später wieder. Durch die Hilfe eines Betriebshelfers hatte ich noch zehn Tage Schonfrist und konnte mich wieder richtig auf die Kühe freuen.

November: Der November schlug noch mal richtig zu. Diesmal war es eine blitzschnelle Entscheidung über Leben und Tod, die eigentlich der Tierarzt traf: Bianca (die ruhigste Kuh aus der Ausreißertruppe) musste notgeschlachtet werden. Sie war vom ersten Tag an, als sie zu uns kam, das Omega-Tier oder auch der Prügelknabe aller anderen. Manchmal war wochenlang Ruhe, aber dann ließen wieder einzelne Kühe ihre schlechte Laune an ihr aus, vorzugsweise am Euter. Diesmal klebten Haare und Blut an den Hörnern der zweitrangniedrigsten „Hola". Sie hatte selbst Angst vor allen Kühen außer Bianca und verließ panikartig sogar das geschlossene Fressgitter, wenn nur der Schatten einer größeren Kuh auftauchte. Bianca fraß nichts mehr und der Tierarzt diagnostizierte eindeutig einen Bauchfellbruch. Es war, als würde mir der Boden unter den Füßen weggezogen. Das Weitere hörte ich nur bruchstückhaft wie aus weiter Ferne: „… kann bei einer Kuh nicht genäht werden, … keine Zeit, um lange zu überlegen, die Kuh muss so schnell wie möglich geschlachtet werden." „Kann sie das Kalb im April noch bekommen?", so eine blöde Frage von mir, ich wollte es einfach nicht glauben. „Nein sie muss natürlich morgen sofort geschlachtet werden." Wir riefen wieder mal den Viehhändler mit seinem schönen großen Transporter an. Bianca lief wie ein Hund hinter mir her, die Rampe rauf, schaute mich ein letztes Mal mit großen fragenden Augen an. Wir hatten uns verstanden. Ich mochte sie.

Ich war wütend auf die anderen Kühe, da kamen mir so viele Gedanken in den Kopf: „Immer auf die, die sich nicht wehren, hätte ich es verhindern können? … Bin ich für diesen Milchbäuerinnenberuf noch hartgesotten genug?" Mir ging es nämlich richtig schlecht, wie wenn ein Freund stirbt. Ich schaffte es diesmal meine Trauer auf drei Wochen zu verkürzen und nach vorne zu blicken („Es gibt viel zu tun."). Es ging mir inzwischen wieder richtig gut, wir hatten seit Mitte November fünf Geburten, die teils mit, teils ohne Hilfe allesamt gut liefen und sechs vitale Kälber, darunter ganz süße kleine Zwillinge. (Ging es mir eigentlich je wirklich schlecht dieses Jahr?). Ich hatte inzwischen eine Idee, was gegen Aggressionen bei Kühen helfen könnte, ein Anti-Stress-Gerät in Form einer elektrischen Viehbürste, die die Kühe selbst einschalten können: Wellness für Kühe, die schlechte Laune haben. Etwas teuer zwar und ökologisch nicht ganz korrekt (Strom), aber wenn's hilft! Das Ding steht nun ganz oben auf meinem Weihnachts-Wunschzettel. Ach ja, und in sechs Monaten werde ich 50 und die Familie weiß nie, was sie mir schenken soll.

Dezember: Das Jahr endete bei uns ganz ruhig mit Weihnachtsfeiertagen ohne Geburten, das gab's schon ewig nicht mehr! Und schließlich feierten wir Silvester mit den jüngeren Kindern ganz gemütlich mit Fondue und Weißwein, einer DVD von Don Camillo und wir hätten fast den Start verpasst. Bei uns kann man wunderbar auf vier umliegende Dörfer schauen. Als ich aus der Tür raustrat, entdeckte ich sofort, dass irgendwer direkt neben dem Stall auf der Straße Raketen und Böller zündete, die dann über den Stall zischten. „Bleib ruhig", sagte ich mir, „nur keinen Ärger heute Abend." Als ich aber registrierte, wie die armen Kälbchen in den Außen-Kälberhütten verzweifelt in ihre Fressgitter sprangen und die Kühe und Färsen wie die Gestörten von einem Ende des Stalls zum anderen rannten, packte mich ein Zorn. „Habt ihr noch alle Tassen im Schrank? Hört sofort auf mit der Böllerei. Die drehen durch, die kriegen noch einen Abort und ich schick euch dann die Rechnung. Wie kann man so bescheuert sein! Das sieht man doch, dass die Kälber paniken!" Ich war so wütend und brüllte. Mein Nachbar kam dazu, ich erkannte ihn in diesem Nebel nicht und schnauzte ihn und seine Frau ebenfalls an. „Das waren unsere neuen Mieter. Wir selber haben auf der anderen Seite geschossen, wir wissen doch Bescheid." Ich entschuldigte mich, er hatte einen Sekt für mich. Wir umarmten uns. Ein neues Jahr beginnt.

Esther, Tierwirtin in Nordrhein-Westfalen

Aus der Traum!

Und wieder stehe ich vor dem Schwein, sehe seine blauen, hell bewimperten Augen, seine hohe Stirn, an der ich gleich den Bolzenschussapparat ansetzen muss. Ich fühle nichts, außer dass ich mich schäme – vor diesem Geschöpf und seinem Vertrauen in mich bis in den Tod. Ich drücke ab, das Schwein sackt zusammen – augenblicklich erscheinen zwei weitere, die sich nach dem Schuss wieder verdoppeln, und so geht es weiter, bis ich mich am Ende zwischen Tausenden von Schweineköpfen und -ohren befinde, mit dem Rücken zur Wand – und ra(s)tlos aufwache, wie gelähmt.

Dieser immer wiederkehrende Traum ist übrig geblieben von meinem Traum, nach der Schule in den 70er Jahren Bäuerin zu werden.

Die Schule! Welch große Rolle spielte sie in unserer Familie. Meine Eltern waren so unterschiedlich wie Tag und Nacht und hatten aus meinen Kinderaugen eine so kleine Schnittmenge, dass mich der Bestand ihrer Ehe täglich wunderte.

Meine Mutter entstammte einer großbürgerlichen Familie, in der auf Bildung, Prestige und Leistung äußerster Wert gelegt wurde. Gefühle hatten damals keinen Platz, Contenance trat an deren Stelle. Meinem Vater verdanke ich die bäuerlichen Wurzeln am Niederrhein. Mit einem halben Jahr schon verwaist, wuchs er bei seinem Onkel und dessen Frau auf, die ihn als erstes Kind in ihren Pfarrhaushalt aufnahmen. So kam es, dass mein Vater – später auch Theologe – immer seine Wurzeln suchte und seine Kindheit zu großen Teilen auf dem großelterlichen Hof verbrachte. Die Ruhe, der Fatalismus, die Erdverbundenheit und auch der Überfluss bei Tisch in Kriegszeiten haben sein Gemüt geprägt, seine Sehnsüchte ausgefüllt. Auch er entstammt einer Familie, in der den Bauernsöhnen drei Wege vorgezeichnet wurden: Hofübernahme, Einheirat auf einen (großen) Hof oder das Studium der Theologie bzw. Medizin. Oft erzähl-

te er mir von seiner Großmutter, die beim Rübenziehen Schiller zitierte
und sich darüber Gedanken machte, ob es nötig sei, dass Frauen – so wie
sie – 13 Kinder zur Welt bringen mussten, wovon nur sieben überlebten.

Meine Mutter achtete den Bauernstand trotz oben genannter „Konditi-
onen" nicht, sie erkannte ihn zeitlebens nicht an. Ob es für sie überhaupt
einen Unterschied machte, ob sie einen Agraringenieur oder Knecht vor
sich hatte? Für sie waren alle Bauern gleich: Menschen in Gummistiefeln,
die mit der Hand arbeiteten und sich von Kuhschwänzen schlagen lassen
mussten. Wie erniedrigend!

Meine äußerst strenge Kindheit und Jugend unter den Augen meiner
Mutter, die sich immer als Oberstudienrätin, nie als Lehrerin vorstellte, war nur zu ertragen, indem ich, wie mein Vater früher, in den Wo-
chen-enden und Ferien der rheinischen Großstadt entfloh und zum Hof
meiner Tante, der Cousine meines Vaters, und deren Familie fuhr. Dies
wurde mir zähneknirschend erlaubt, da auch hier immerhin drei Generationen das Gymnasium besucht hatten, es wurde gelesen, musiziert, diskutiert – aber eben auch viel gearbeitet, also kein Ort, der meiner Mutter
trotz aller „Kultur" dort geheuer gewesen wäre.

Hier fühlte ich mich geborgen und wertgeschätzt, eingebunden und teilte
Freud und Leid mit meiner Cousine (2. Grades). Mein Plan, Bäuerin zu
werden, musste gar nicht erst reifen, er stand eigentlich immer schon fest.

Der Hof meiner Verwandten war für mich noch schöner, als ihn meine Cousine in ihrem Beitrag „Ein Blick zurück nach vorn" im zweiten
Band der Bauerntöchterbücher beschreibt. Von einer Milchwirtschaft
nach dem Kriege wurde er von Onkel und Tante zu Beginn ihrer Ehe in
den 60er Jahren zu einem modernen Familienbetrieb zur Zucht und Mäs-
tung von Schweinen auf- und umgebaut, in den wir Kinder uns tatkräftig
und „unersetzlich" eingebunden fühlten. Tatsächlich war es für uns doch
mehr ein großer Spielplatz, der zu einer besonderen Lebenstüchtigkeit
und Belastbarkeit führte, da wir allumfassend unterrichtet und „gebil-
det" wurden, ganz nebenbei.

Mein Bild der Landwirtschaft sollte in meinem Frauenleben sowohl
inhaltlich, als auch finanziell und emotional in keiner Weise mehr dem
entsprechen, wie ich es hier kennengelernt hatte. Das ist bis heute ein
großer Schmerz.

Es gab dort drei Generationen in einem vornehmen Haus und moderne Stallungen, die aber in den landschaftstypischen alten Scheunen
untergebracht waren. 35 Sauen sorgten mit einem Pietrain-Eber „Peter"

für die Nachzucht, die dann mit dazugekauften Ferkeln zu einer Mast
von jährlich 1000 Schweinen führte. Alle Tiere hatten Tageslicht, Außen-
gelände und fast alle Stroh. Vor allem aber widerfuhr ihnen eine große
Achtung, erst recht bei Krankheit. „Sterbehilfe" gab es nur bei großer
Qual, nie aus wirtschaftlichen Gründen.

Heute arbeite ich in einem größeren landwirtschaftlichen Betrieb mit
Schweinehaltung, und wenn ich könnte, würde ich jede der Sauen, die
hier als ferkelproduzierender Uterus mit vier Beinen angesehen werden,
in diese Zeit vor 40 Jahren zurückschicken wollen:

Die Sauen meines Onkels lebten in einem Offenstall und hatten einen
täglichen Weidegang, den wir Kinder oft zum (verbotenen) Ritt auf der
Sau unter den Obstbäumen nutzten – außer es waren Rendezvous mit
Eber „Peter" angesagt, dann durften wir die Wiese nicht betreten.

Eine Muttersau, die kurz vor dem Abferkeln stand, bekam einen Abferkelstall, der überall von Stroh umgeben war. Die eingeschränkte Bewegungsfreiheit der Sau sicherte das Leben der Ferkel, meistens, damit
sie nicht totgelegt wurden. Ferkel unter der liegenden Sau zu befreien,
den Milchstand des Euters zu testen und die Geburt zu beobachten, waren hier unsere Spezialaufträge als Grundschüler. Die Gerüche, das wohlige Grunzen, den Schein der „roten Lampe", das rosa Glück, aber auch
das Blut, die Nachgeburt, tote blaue Ferkel …, das alles vergesse ich nie.

Das Wort „Box" als Heimat für eine Sau war noch nicht erfunden, es
gab genügend Lauffreiheit für die Ferkel, ganz selten kam es vor, dass
sich eine sehr kleine Muttersau über Nacht in dem Abferkelstall umdrehte, was bis heute zu den ungelösten Rätseln unserer landwirtschaftlichen
Erkenntnisse gehört. Im Sommer standen alle Türen weit auf, es wurde
anfangs auch noch mit der Gabel gemistet, zu Weihnachten wurden die
Tiere noch „besser" versorgt, extra viel Stroh und viel Futter. Heiligabend
im Stall. Was würde mein Arbeitgeber heute dazu sagen?

Spaltenboden gab es noch nicht bzw. war von Mensch und Tier nicht
erwünscht. Die Ferkel blieben sechs bis acht Wochen bei der Mutter,
dafür aber mussten einmal alle zusammen auf dem Hof umziehen,
dann hatte auch die Sau wieder einen größeren Platz, immer noch Stroh
für sich und die pubertären Ferkel, denen dann bald die „rote Wärme-
lampe" abgestellt wurde. Diese Umzugsaktion, auch danach die letzte
in den sog. Maststall hieß offiziell „Heute müssen wir Schweine um-
legen", was in meiner städtischen Schulklasse immer für größte Ver-
wirrung sorgte, die ich als Insider sehr genoss. Was wussten die schon

außer ihrer gymnasialen alt-
sprachlichen Bildung. Meine
humanistische Bildung fand
unter Tieren statt, ich konnte beim Kastrieren der Ferkel und beim Abknipsen der
Zähnchen helfen, mit dem
Arm den Geburtskanal erforschen, Trecker fahren, Mahl-
und Mischanlagen betätigen,
den Feierabend genießen und
die Stelle in der Zeitung mit
den Tagespreisen für Schwei-
nefleisch fand ich blind.

Was wissen Beamtenkinder – von denen ich auch eines war – schon
davon? Da gab es ein 13. Monatsgehalt, für das nie gearbeitet worden ist.
Onkel und Tante wären froh gewesen, wenn wenigstens die bereits ge-
leistete Arbeit angemessen entlohnt worden wäre! Die Diskussionen mit
meiner akademischen Verwandtschaft, dass Bauern doch „Besitzmillio-
näre" seien, waren fruchtlos, laut und zermürbend. Das Verständnis wäre
größer gewesen, wenn meiner Mutter „ihr" Gymnasium auch gehört
hätte, mit allen Investitionen, Risiken und Rechnungen, intellektuellen
Missernten …

Gegen den Willen meiner Mutter beendete ich die Schule „nur" mit
dem Fachabitur und frönte meiner zweiten Leidenschaft, der englischen
Sprache, indem ich in England die landwirtschaftliche Lehre begann.
Landwirtschaftlich und persönlich war dieses meine erfolgreichste Zeit
von 1979 bis 1981. In England war die Entwicklung weiter als bei uns,
wo die Kühe noch an Ketten vor dem Trog standen und nur entscheiden
konnten, ob sie links- und rechtsherum kauten. Hier gab es schon Boxen-
laufställe, automatische Fütterung, die berüchtigte Wellnessbürste für die
Kühe, die alle „meine" waren, nur meine, wenn auch das erste Melken
allein von 5 bis 13 Uhr gedauert hat!

Der Job war machbar und erträglich, obwohl ich eine junge Frau war.
gerade 18 Jahre alt, und für den ganzen Bestand verantwortlich. Der
Bezug zu den Kühen war innig. Ruhe, Wärme, Geräuschkulisse, Silage –
die Welt der Kuh kam mir deutlich mehr entgegen als die der Schweine.
Nur hier, in diesen zwei Lehrjahren auf dem englischen Hof, hatte ich

das Gefühl, „mein" Leben zu führen. Meine Welt war der Stall, ich hatte 85 Kühe unter mir bzw. diese mich unter sich und ich kannte alle am Euter, den Klauen, der Nummer. Einmal habe ich eine ganze Woche bei einer schwerkranken Kuh im Stroh geschlafen. Zusammen ist man weniger allein.

Warum ich für das letzte Lehrjahr nach Deutschland ging? Ich weiß es nicht und ich bereue es immer noch zutiefst. Ich kann mich nur noch an ein Gefühl des Strauchelns erinnern, das aber ganz schemenhaft. Das dritte Lehrjahr absolvierte ich am rechtsrheinischen Niederrhein, der durch viel mehr als nur den Fluss von meiner geliebten linksrheinischen seelischen Heimat getrennt ist. Dort ging es um Kälber und deren Verkauf. Der Bauer nannte mir den Preis, den er erzielen wollte, was darüberlag, war meins.

Ich erinnere mich an eine Schlüsselszene auf der Rampe des Anhängers. Ich trug auf meinen Armen ein Kälbchen dort hinauf und plötzlich durchströmte mich die Erkenntnis, wie lieb ich diese kleine Wesen hatte, und ich wusste, in diesem Moment galt es zu entscheiden, ob dieses junge Kalb, das die Mutter vermisste und umgekehrt, ein Nutztier war oder ob ich den falschen Beruf hatte. Ich entschied mich für „Es ist, wie es ist", mein verlässliches Kindheitsmuster, und trug das Kalb auf den Anhänger, ein Nimmerwiedersehen – und ein kleiner blinder Fleck wuchs auf meiner inneren Landkarte, der für viele Jahre unentdeckt bleiben sollte.

Mit fünf Tierwirten aus fünf anderen Bundesländern bestand ich die Prüfung zur Tierwirtin mit 2,0 und fuhr stolz zu meinen Eltern. Ich hatte in den drei Jahren sehr viel „geleistet", erachtete ich. Meine Mutter empfing mich auf dem Bahnhof mit den Worten, ob mir bewusst sei, dass ich die niedrigste aller Ausbildungsstufen gewählt hätte?!

Was sollte aus mir werden?

Bei einer Auszeit auf dem Hof meiner Tante formulierten meine Cousine und ich eine Kontaktanzeige in „top agrar", denn Bäuerin wird man nur durch Mann, Hof, Kuh und Trecker!

Ich bekam über 40 interessante Briefe. Es war eine herrliche Zeit: Meine Tante beurteilte Schrift, Grammatik, Stil und Briefpapier, mein Onkel steckte an einer eigens aufgestellten großen Deutschlandkarte die Nadeln für die Lage der Höfe und kommentierte diese anhand zu erwartender Größe und Bodenpunkte kritisch, meine Cousine Annette und ich sortierten Fotos und erste Gesamteindrücke. Die Oma des Hauses amüsierte sich köstlich über uns, die wir dabei alle auf dem Teppich hockten; meine Mutter fühlte sich hintergangen. An der Mithilfe meiner Verwandten hat es jedenfalls nicht gelegen, dass ich am Ende genau den falschen aussuchte, er hatte im Hinblick auf die oben genannten Kriterien alle erdenklichen Defizite. Die Rendezvous vorher, die auch oft auf dem Hof meiner Verwandten stattfanden, brachten mich oft in ein Gefühl der Unterlegenheit, der großen Angst, im Stall alles und in der Küche nichts zu können. Wie sollte ich dann bestehen vor der potenziellen Schwiegermutter und den vielen Schwestern, die einer der Kandidaten hatte? In einen Obstbauern hatte ich mich so heftig verliebt, dass alles klar war, bis heute denk ich an ihn, aber sein dominanter Vater ließ uns keinen Platz und ich verließ den Hof trotz einer großen Verbundenheit zu diesem Mann. Als der Altbauer starb, rief mich der Sohn drei Minuten später an, ich könne wiederkommen. Mein Stolz war größer und ich gab unserer ehrlichen Liebe keine Chance.

Die Gründe, warum ich gegen alle Warnungen einen wenig attraktiven Mann mit einem unwirtschaftlichen Hof, ein Einzelkind mit niedrigem Schulabschluss heiratete, bleiben mir bis heute verborgen. Ob der Satz meiner Mutter „Es gibt keine Liebe, und wenn, dann wird sie wachsen" mich glauben ließ, so könne es gehen?

Ich lebte nun in einer Gegend Deutschlands, von der mein Onkel sagte, da gingen die Uhren rückwärts …! Es gab 20 Kühe im Anbindestall. Die Haltung der Rinder und Kälber – nichts von dem erinnerte mich an mein England. Wenn ich etwas gut konnte, dann war es, Dinge auszuhalten, mich zu arrangieren, nichts zu ändern bzw. viel zu leise anzuklopfen. Bei den Vorbereitungen zur Hochzeit half meine Cousine eine Woche auf dem Hof und im Haushalt. Die Tatsache, dass ich mit meinem Bräutigam nicht reden konnte, versetzte sie als Trauzeugin in arge Bedrängnis, weitaus mehr als die Tatsache, dass wir im Stall kein warmes Wasser hatten und die Kälbermilch hinter der Küche in der Badewanne angerührt werden musste, um danach in Eimern quer durch Haus und Stall getragen zu werden. Meine Hände sprachen Bände.

Nach vier Jahren Ehe und mit zwei kleinen Kindern verließ ich den jähzornigen Mann und dessen rabiaten Vater zum Leidwesen der Mutter, die mir viel bedeutete und umgekehrt, eine bis dahin ungekannte Erfahrung. Zuflucht fand ich bei einem befreundeten Metzger des Nachbarhofes, einem Nebenerwerbslandwirt, wo es mir nicht viel besser ging. Sofort arbeitete ich in einer Fabrik, damit ich Geld für eine eigene Wohnung sparen konnte. Während ich dort war, um danach sofort wieder auf dem

Schlepper Platz zu nehmen, kümmerte sich die Altbäuerin um meine Tochter, die erst wenige Wochen alt war. Ich erinnere mich, dass ich nicht arbeitete, sondern „wühlte", und diese alte hüftkranke Frau zum Feld kam, um mir zu sagen, meine Tochter habe den ersten Zahn bekommen. Ich fühlte nichts und pflügte weiter.

Fühlen habe ich nicht gelernt, das sollte mir im Umgang mit den Tieren bald an anderer Stelle nützlich sein. Ein dumpfes Gespür dafür, dass irgendwas nicht stimmt, hatte ich schon und beschloss für mich und meine Kinder auszuziehen, nachdem ich am Zustelltag der „Praline" die der Zeitschrift entsprechenden Wünsche zu erfüllen hatte. Um meinen Vater erstmalig zu zitieren, sagte er nach meiner Rückkehr ins Elternhaus: „Hier schaufelst du dir dein eigenes Grab." Und so überlegte ich, wie und mit welchem Geld ich weggehen könnte!

Der einzige Weg, von meiner Mutter Geld zu bekommen – mein Vater spielte in dieser Hinsicht eine unbedeutende Nebenrolle –, war: Bildung! Also auf nach Westfalen zum Studium der Landwirtschaft an der FH. Nach drei Semestern, die Kinder jeweils bei der Tagesmutter lassend, stellten sich massive Probleme mit dem Lernstoff ein. Diese ganze Idee war fremdgesteuert, es sollte nicht funktionieren, obwohl ich doch immerhin eine englischsprachige Ausbildung fast durchgängig absolviert hatte.

Ich zog mit der Tochter wieder in die Nähe meines ersten Mannes; den Jungen musste ich aus Vernunft, nie gekannter Mütterlichkeit oder aufgrund größter mütterlicher Fürsorge bei der Tagesmutter lassen, wo er bis heute ein sehr behütetes liebendes Zuhause gefunden hat. Ich bezog wieder eine neue Wohnung, meine wenigen Antiquitäten und das englische Blümchenservice immer hoffnungsvoll und Sicherheit gebend im Lastwagen.

Mein zweiter Ehemann, der auch meine kleine Tochter adoptierte, hielt nicht viel von Treue, obwohl er gerade derjenige war, der – in Uniform – bei meiner Mutter „Eindruck" gemacht hatte – bei vielen andern Frauen aber leider auch.

Ich fand eine Arbeit im dortigen Tierheim. Dies war alles andere als meine geliebte Landwirtschaft, von der ich bis heute glaube, dass ich sie immer wollte, aber sie mich nicht. Ich habe mich im Tierheim wie später als Aushilfe im Altersheim mit Respekt, Anstand und Mitleid um alles und alle gekümmert, getan, was getan werden musste. Für meine Tochter hatte ich kaum Zeit, musste sie zeitweise – der Bildung und Betreuung

wegen – bei meinen Eltern unterbringen. Welch' Ironie des Schicksals!
Sie hat es mir nie verziehen. Ich war Lichtjahre davon entfernt, wie ich
mir mein Leben als Bäuerin, mit Familie und meinen geliebten Kühen –
ohne Küchenarbeit – erträumt hatte.

Der durch meine alte Gouvernante unterstützte Kauf eines sehr kleinen Resthofes, die Rückkehr meiner pubertären Tochter, Kuhställe in
der Nachbarschaft und eine kleine, aber feine Haflingerzucht sollten mir
und uns diesen Traum erhalten. Ich arbeitete da schon auf diesem Groß-
betrieb, nebenbei täglich als Putzfrau, damit ich uns das alles finanzieren
konnte. Zeitweilig lebten neun Pferde auf unserem Hof, ein funktionie-
rendes Dorfleben, ein Sitz im Presbyterium, ein hoher Listenplatz bei den
Kommunalwahlen, ein lieber Mann an meiner Seite, der kochte, gerne aß,
aber eben auch trank … Da begann ganz unmerklich dieser Teufelskreis
aus Erschöpfung und trotzdem Weiterarbeiten, Todessehnsucht im Sinne
von Ruhe finden. Und dies, obwohl jetzt vieles stimmte, ich mein Lachen
und meinen kleinen eigenen Misthaufen wiederfand, aber eben meine
Tochter nicht. Am Ende mussten wir den Hof, den in den Augen meiner
Tochter einzig sichtbaren Beweis meiner Mutterliebe, verkaufen.

Der Berg des Verdrängten wurde immer höher, unbezwingbar. Mir ver-
sagten langsam, aber sicher die Kräfte, was mich nicht davon abhielt, auf
dem Nachbarhof als Melkerin einzuspringen. Der Lohn war weniger der
Verdienst, als die Tatsache, meinen Kopf an den Kuhbauch zu lehnen,
das Melkgeschirr anzuhängen und mich – nur dort – am richtigen Ort zu
fühlen.

Nach Aufgabe des Betriebes, aber unkündbar, wurde ich auf einen anderen Hof in 120 km Entfernung versetzt. Wir verließen das vertraute
Dorf, mussten und durften auf der neuen Domäne wohnen und arbeiten.

Das Leben als angestellte Tierwirtin währt nun schon 20 Jahre. Es ist
alles andere als das, was mir mein Onkel als freier Herr auf freier Scholle
vorgelebt hat.

Ich arbeitete für eingepferchte Schweine, und wenn ich ein Schlachtschwein hinaustrieb, dann nur, um damit Geld zu verdienen. Jahrelang
die härteste Arbeit, die ich mir vorstellen konnte. Und der ätzende Ge-
stank! Meine Fassade bröckelte immer mehr, meine Einsicht, dass ich
körperlich und seelisch am Ende war, reifte noch nicht genug, wollte ich
doch „meine" Schweine nicht verlassen. Ich war jahrelang die einzige
Frau in diesem schweren Beruf, oft zum Gespött und oft zum Trost der
anderen Mitarbeiter. Meinen Vorgesetzten war ich aufgrund meiner Her-

kunft auch immer suspekt, war ich bei aller Kritik doch meiner Mutter Geistes Kind.

In dieser Zeit begann ich auch, mich für meinen Beruf zu schämen, ich wollte weder auf meine verlorene Lebensfreude, auf meine Bitterkeit, noch auf meine derben Hände angesprochen werden. Nach jahrelanger Arbeit an dieser Stelle war mir eine Art „Heimkommen", wie bei dem biblischen Gleichnis des verlorenen Sohnes, nicht vergönnt, auch er hatte jahrelang als Schweinehirt gearbeitet mit einem „Happy End". Immerhin wurde ich in die Zucht versetzt und damit sollte ich zum ersten Mal in meinem Frauenleben mit allem konfrontiert werden,

was unter meinen dicken Schwielen lag. „Arbeit schafft Hornhaut gegen Kummer", sagte Cicero und er hat es sicherlich nicht so gemeint. So manche neue Bekanntschaft ist am Anblick meiner Hände gescheitert.

Da lagen sie nun, meine Sauen. Jede Sau muss zwei-, dreimal im Jahr ferkeln, nach zehn Tragezeiten und Geburten sind sie „auf" und bei den Wehen der – meistens eingeleiteten – Geburten zuckt aus Schwäche nur noch das Schwänzchen, wenn manche der Muttersauen zehn- bis zwölfmal belegt werden.

Nie habe ich eine so starke Verbundenheit gefühlt wie zu einem Tier, das in den Wehen liegt, ungewollt tragend, die Kinder nach vier (!) Wochen abgesetzt, diese von dem Euter direkt und viel zu früh an das Ferkelaufzuchtfutter gewöhnt. Durchfallerkrankungen und Medikamente

waren die Regel. Ich weiß heute, dass die Sauen große Schmerzen empfinden, dass sie vor Verzweiflung in die Gitterstäbe beißen, das Klirren
und Scheppern verfolgt mich plötzlich, lässt meine Seele bluten, alles in
Frage stellen, die Kraft zur Ausblendung ist mir verloren gegangen.

Da merkte ich, dass ich anfing, mich mit dem Sauenschicksal zu iden-
tifizieren: Ich hatte unschöne Schwangerschaften erlebt, bei einer wurde
ich sogar von meinem Mann getreten. Die Geburten waren so schwer,
dass ich beim ersten Kind meine Mütterlichkeit suchte, so wie der kleine
Sohn meine Brust. Beim zweiten Kind habe ich mein Leben einer klu-
gen Bettnachbarin zu verdanken. Ich war dem Tod näher als dem Leben
und habe die Kleine wochenlang nicht gesehen. Außer meiner Liebe für
die Tiere hatte ich nichts programmiert und von Bindung, Wochenbett-
depressionen wurde nicht viel geredet. Ich glaube, ich mache mir heute
mehr Sorgen um jede Sau, als sich damals um mich und meine Babys
gesorgt wurde.

Meine Arbeit wurde immer schwerer. Wollte das Schicksal, dass ich
mich erhob?

Eine Szene erzählte ich meiner Cousine am Telefon und ihr rannen die
Tränen:

Eine Sau hatte ohne Ende Wehen (was ich kenne) und die Geburt ging
nicht voran. Ich rief den Tierarzt an, der meinte, sein Besuch sei teurer
als das, was die Sau wert sei, und er habe nicht die Befugnis uns zu unterstützen. „Sie stirbt mir mitsamt den Ferkeln", schreie ich ihn an. Ich
bin hilflos. Er lässt sich herab, mir durch das Telefon Instruktionen zu
geben, das Handy klemmt zwischen Schulter und Ohr und mit meinem
Arm taste ich den Geburtskanal ab, was mir seit Kindertagen vertraut ist.
Nur, dass es nicht Neugierde ist, sondern Verantwortung. Die Sau quält
sich, wird von einer Wehe in die andere gejagt, warum kommt kein Ferkel? Endlich taste ich den „Übeltäter". Ein Ferkel ist am Muttermund
festgewachsen, es versperrt allen anderen den Weg. Ich habe nicht die
Kraft zu weinen, obwohl ich weiß, was das bedeutet. Die Sau würde ohne
OP verbluten. Per Ferndiagnose bekomme ich den Erschießungsauftrag.
Kopf und Körper rattern alles ab, die warme rote Lampe bei meinem
Onkel, meine unmenschlichen eigenen Geburten, die Solidarität mit der
Sau, mein Mitleid, die Erinnerung an die Kaiserschnitte auf dem nieder-
rheinischen Hof, da ging es doch auch, koste es, was es wolle … Wie aus
der Ferne sehe ich mich den Bolzenschussapparat holen, ich halte ihn der
zitternden Sau auf die Stirn, drücke ab und setze vielen Leben ein Ende.

Ich habe umsonst gekämpft.

Als meine Cousine für das Schreiben dieses Beitrags am Telefon fragt, wie genau so ein Schuss für Frau und Sau vonstattengehe, sage ich mit tonloser Stimme, dass es Dinge gibt, die ich nie jemanden erzählen kann. Sie weiß es bis heute nicht.

Der Wendepunkt kam mit der Geburt meines kleinen Enkelsohnes. Der Geruch der gleichen flaumigen jungen rosa Haut, das tiefe Gefühl von Stolz, Mitleid, Verantwortung, Nähe, Liebe, Schöpfung und Wunder … Ich konnte von dem Tag an nur noch unter allergrößter Anstrengung Ferkel kastrieren. Ich sah nur noch die kleinen Hoden meines gerade geborenen Enkels vor mir. Ich durchbrach die Schallmauer des Unerträglichen.

Und was ich bis heute noch keinem erzählt hatte: Eine Sau hatte früher zwölf Zitzen, das dreizehnte Ferkel zogen wir vor 40 Jahren mit der Flasche auf… Wie heißt es so schön im Beitrag meiner Cousine: „Bei uns flog kein mickriges Ferkel zuerst vor die Wand und dann unter den Mist." Nein, es wurde alles behandelt, solange das Herz schlug. Die Tiere waren der Bauernfamilie lieb und „teuer". Meine Sauen aber haben zwei angezüchtete Zitzen mehr, es sind 14, und sie ist zudem auf mindestens 17 Lebendgeburten pro Wurf gezüchtet! So viele Bauernkinder mit Fläschchen und Helfersyndrom gibt es aber gar nicht!!

Meine Cousine fragt nur: „Wand?" Ich sage: „Nein, Boden!"

Ich kann nicht mehr.

Ich bin seit einem halben Jahr krankgeschrieben. Ich versuchte seit Jahren wegen körperlicher Beschwerden, Schlafstörungen, Müdigkeit, Schmerzen etc. ein Attest, ein Einsehen, Massagen, eine Kur zu bekommen. Vergeblich.

Aufgrund der Schilderung meines Alptraums ging alles ganz schnell. Hört bei einer Unmenge erschossener Schweine die Vorstellungskraft eines gesunden Menschen = Arztes = Verbrauchers auf? Ich habe eine lange Kur gemacht und einen Mann kennengelernt, der in der Seelsorge arbeitet bei unheilbar kranken Menschen. Ob uns da nicht manches verbindet?

Unser Kennenlernen in dem halben Jahr ohne meine Arbeit wurde auch zu einem Kennenlernen meiner selbst, wie ich als unbelastete Frau denke und fühle, wie ich entspannt sein kann, nicht fremdbestimmt, wie ich lachen kann und andere Orte sehen, wie ich für meine Enkel da sein kann und wie sich – kurz vor der dritten Hochzeit – eine Art Versöhnung einstellt mit allem, was ich nicht gelebt habe: die Landwirtschaft, das Mutterglück, eine verlässliche Partnerschaft, ein warmes geliebtes Zuhause.

Ich verabschiede mich von der Landwirtschaft und überlasse meine Sauen zuversichtlich einer neuen Leitung, die auf weniger, dafür kräftigere Ferkel setzt, und glaube tatsächlich, dass ich erst durch den Schmerz der Muttersauen an meinen eigenen geraten bin. Dafür habe ich Jahrzehnte gebraucht. Ich bin ihnen fast dankbar dafür und hoffe, dass ich ihnen so viel Beistand zurückgeben konnte, wie es in diesem System möglich war.

Warum bin ich so lange geblieben? Ich erinnere mich noch genau, wie ich mit acht Jahren meiner Mutter klar und deutlich sagte, dass ich weg wolle – weg aus der Großstadt, weg von der Familie. Ich bin noch zehn Jahre geblieben. Meine größte Lektion von zu Hause, tief verinnerlicht, war einfach das Aushalten, das manchmal sture Durchstehen auch von unerträglichen Situationen.

Die letzte Frage meiner Cousine beim Schreiben dieses Textes war, ob sich mein Konsumverhalten hinsichtlich des Fleischkonsums verändert habe, und ich musste es teilweise verneinen. Ich kaufe immer noch das günstigste Fleisch ein, wie ich es immer getan habe, und merke, dass ich den roten Faden von der Fleischtheke bis zum Stall einfach schon im Supermarkt abschneide.

Augen zu und durch! Ich hoffe, das ändert sich noch.

Als mein Partner und ich neulich die Verlobungsringe aussuchten, waren da wieder meine Hände … Auf Nachfrage im Juwelierladen zu meiner Arbeit erzählte ich von den Dingen, wie sie sind. Wieder auf der Straße, fragte mein Partner, ob ich nicht gemerkt hätte, dass ich der Verkäuferin zu nahe getreten sei (vielleicht wollte sie abends Fleisch grillen, es war ein warmer Tag?!).

Ich blitzte ihn aus meinen Augenwinkeln an und sagte: „Ich sage, was gesagt werden muss!" Ist das zu viel für den deutschen Verbraucher?

„Tut mir leid", antwortete er, „mach es so, wie es dir gut tut!"

Dieser Beitrag wurde nach langen Telefonaten von meiner schwesterlichen Cousine Annette geschrieben, wofür ich ihr herzlichst danke!

Johanna Geiger, Schafhalterin in Baden-Württemberg

Der gute Hirte gibt sein Leben für die Schafe

Diesen schönen Satz aus dem Johannesevangelium 10, Vers 11 habe ich schon immer als wahr empfunden. Dabei denke ich an blökende Schafe, frische würzige Luft, ein wettergegerbtes Schäfergesicht, das zufrieden mit seiner Umwelt scheint, und einen treuen Hund, der nur Augen für Schäfer und Schafe hat. Ich denke aber auch an klirrende Kälte oder unbarmherzige Hitze, an ständige Futtersuche und die Sorgen, wenn Tiere krank sind.

Schäfer sind Exoten in der deutschen Landwirtschaft. Während Schweine oder Rinder allen geläufig sind, spielen Schafe als landwirtschaftliche Nutztiere im Bewusstsein der breiten Bevölkerung fast keine Rolle.

Ich stamme aus einer Schäferfamilie. Mein Großvater schlief noch in der berühmten Schäferkarre und musste einmal in der Nacht aufstehen, um den Pferch (eine Art Umzäunung) umzustecken. Für eine gleichmäßige Düngung bekamen die Schäfer Geld von den Bauern. Auf der Reise aß mein Großvater immer bei den Landwirten, auf deren Feld er den Pferch aufstellte. Er war dafür bekannt, dass er Pfannkuchen liebte, und als ich Kind war, erzählte er mir, dass die Bauersfrauen es immer gut mit ihm meinten und er nach drei Wochen Pfannkuchen mal etwas anderes herbeisehnte.

Diese Idylle und Harmonie gehören zu einem Schäferleben dazu. Aber auch heute ist es noch ein hartes, entbehrungsreiches Leben. Im Winter ziehen wir noch mit den Tieren von Ort zu Ort, immer auf der Suche nach frischen Grasflächen. Nachts bleiben die Schafe alleine in einer Art Umzäunung, da wir Schäfer heutzutage doch lieber in einem warmen Bett schlafen möchten. Den Sommer verbringen wir 180 Kilometer vom Heimatstandort entfernt auf der kühlen Schwäbischen Alb, auf dem Gelände eines Truppenübungsplatzes. Dorthin werden die Schafe bequem per Lkw transportiert. Auch wenn es uns reizt, diesen Weg wie früher zu Fuß zum Heimatstall zurückzureisen, wäre es wahrscheinlich doch mit einigen Schwierigkeiten verbunden. Wie kommen wir z.B. bloß am Stuttgarter Autobahnkreuz vorbei? Erst diese Woche hatten wir ein „Schreckerlebnis"! Ein Schaf auf der B27! Mein Onkel musste eine Straße überqueren, dabei verlor ein junges Tier den Anschluss und rannte auf die Bundesstraße. Nur mit Hilfe der Polizei und eines beherzten Lkw-Fahrers, dem ich hier nochmals danken möchte, konnten wir es ohne größere Schäden einfangen. Was da alles hätte passieren können!

Der Beruf des Wanderschäfers will einfach nicht mehr so richtig in unsere Welt hineinpassen! Doch hoffe ich sehr, dass er noch viele hundert Jahre auch in Deutschland bestehen bleibt.

Mit vier Personen bewirtschaften wir gemeinsam den Hof mit 1600 Mutterschafen und Nachzucht. Mein Vater kümmert sich als Landwirtschaftsmeister hauptsächlich um die Fütterung im Stall und den zum Betrieb gehörenden Ackerbau. Mein Onkel hütet als Schäfermeister ganzjährig die Schafherde. Eine festangestellte Mitarbeiterin und ich versorgen die Tiere im Stall und betreiben eine Gemeinschaftsbiogasanlage. Außerdem bin ich noch für unser Büro zuständig. Die Arbeiten sind aber nicht starr verteilt, sondern wie auf jedem landwirtschaftlichen Betrieb arbeiten wir viel gemeinsam und jeder muss in der Lage sein, die Arbeit des anderen zu erledigen.

Schon als Kind bin ich oft mit meinem Onkel zu den Schafen gegangen und durfte auch früh selbst Schafe hüten. Mein Onkel ist ein stolzer Schäfer! Ohne dass er es jemals zu mir gesagt hat, hat er mir früh beigebracht, dass man seine eigenen Bedürfnisse zurückstellen muss, um ganz für die Tiere da zu sein. Ich erinnere mich als Kind an einen Wintertag, es hatte Schnee und es wurde dunkel. Ich war sieben Jahre alt und fing an zu quengeln, weil mir bitterkalt war. Es kann sich wohl jeder vorstellen, wie langsam die Zeit vergeht, wenn man draußen in der Kälte wartend bei der Herde steht. Gerne suchte ich Schutz unter dem Lodenmantel meines Onkels, wenn es regnete. „Lass uns doch endlich die Schafe einsperren", bat ich meinen Onkel. Er erwiderte, dass wir noch warten müssen, bis mindestens 20 Schafe „aufgestoßen" hätten. Wenn Schafe vollgefressen sind, stoßen sie auf. Also wartete ich und zählte ganz fleißig jedes Schaf, das einen lauten Rülpser von sich gab. Als ich bei 20 angelangt war, sagte mein Onkel, ich solle nochmal zehn weitere zählen … Ich lernte somit früh, dass man die Tiere erst verlässt, egal im Stall oder draußen, wenn alle zufrieden sind. Trotzdem ging ich immer gern mit auf die Wanderung mit den Schafen, weil doch jeder Tag ein neues Abenteuer war – und außerdem spendierte mein Onkel danach uns Kindern immer ein großes Eis.

An mein erstes alleiniges Schafehüten kann ich mich auch noch gut erinnern. Ich war ungefähr zehn Jahre alt und viele Schafe hatten draußen auf der Weide gelammt. Mein Onkel wollte sie nach Hause in den Stall bringen, und ich sollte nur eine halbe Stunde alleine aufpassen. Bei meinem Onkel sah das Hüten immer so einfach aus, doch bei mir machten die Schafe, was sie wollten. Anstatt zu fressen, marschierten sie nur umher und zogen nah an eine doch viel befahrene Straße. Aufgeregt schickte ich unseren treuen Hütehund Lea los, der die Schafe wieder unter Kontrolle bringen sollte. Natürlich machte das alles noch viel schlimmer. Nun rannten die Schafe unruhig im Kreis. Unsere Schafe sind gewohnt gehütet zu werden. Sie bleiben im Vergleich zu Koppelschafen immer zusammen. Das war vielleicht mein Glück, sodass nichts passiert ist. Ich kann aber nicht beschreiben, wie froh ich war, als mein Onkel wiederkam. Ich erzählte ihm dramatisch, was alles passiert war, doch er lachte nur. Gelassenheit ist eine Tugend, die man erst lernen muss, und eine Herde zu führen ist schwieriger, als man denkt.

Schon von klein auf war ich in Tiere vernarrt, bin Esel geritten oder habe Flaschenlämmer versorgt. Auch nach meinem Wechsel auf das agrarwissenschaftliche Gymnasium, meinem Auslandsaufenthalt in Neuseeland und während des Studiums der Agrarwissenschaften habe ich die Schafe nie aus dem Blickfeld verloren. Wahrscheinlich bin ich mit einem Schafvirus infiziert. Es gibt aber durchaus Menschen, die noch „Schaf-verrückter" sind als ich. Letztes Jahr machte ich mit meinem Freund, einem Schäfermeister, und einem Neuseeländer, der über Sommer bei uns arbeitete, eine kleine Rundreise durch Schottland. Natürlich, um landwirtschaftliche Betriebe zu besichtigen. Wir konnten an keiner Schafkoppel – und in Schottland gibt es wirklich sehr viele Schafkoppeln – vorbeifahren, ohne dass mein Freund mindestens fünf Minuten lang jede erdenkliche Schafrasse anstarrte, die Tiere analysierte und beurteilte. Selbst der Neuseeländer sagte zu mir: „Also, genau genommen, haben doch alle nur vier Füße und einen Kopf."

Lustig fand ich auch, wie mein Freund, der zu dieser Zeit in Schottland arbeitete, Schafböcke zu einer Auktion richtete. Da wurde geputzt, geschäumt und gekämmt und ich sah wirklich den Stolz in unserem Berufsstand. Die Wolle wird sogar eingefärbt, bis sie schön glänzt! Vor der Auktion wird stundenlang diskutiert, welcher Bock der beste sei. Auch in Deutschland haben wir diese Bockauktionen und das ist für meinen Onkel „a place to be". Dafür verlässt er sogar seine Schafherde!

Die Ablammung der Schafe findet von September bis März statt. Es lammen aber nicht alle Schafe zur gleichen Zeit, sondern immer in Gruppen von 300–600 Tieren. Dazwischen müssen wir Pausen einlegen, da die Beaufsichtigung und die Versorgung der Tiere doch sehr intensiv und anstrengend sein kann. Die Mutterschafe werden mit Ultraschalluntersuchung auf Trächtigkeit untersucht und kommen zum Ablammen in den Stall. Auch bei uns in Baden-Württemberg sind der Kolkrabe und der Wolf ein brisantes Thema, das uns Schäfer immer mehr beschäftigt. Das Risiko, Lämmer zu verlieren, ist sehr hoch. Deswegen haben wir uns für die Geburt und Aufzucht im Stall entschieden. Nur im Frühjahr kommen die Lämmer auf die Weide. Da im Stall der Platz begrenzt ist, müssen die Tiere in verschiedene Gruppen eingeteilt werden. Zwillingslämmer kommen ein paar Tage in Einzelbuchten, Einzellämmer in Kleingruppen. Jeder von uns kann Geburtshilfe leisten, das ist aber selten notwendig. Beobachtungsgabe ist sehr wichtig, wenn man mit Tieren arbeitet. Gibt ein Schaf zu wenig Milch, müssen wir dem Lamm entweder Ersatzmilch zufüttern oder es einer anderen Mutter „unterstoßen". Man reibt dabei das Lamm mit der Nachgeburt des fremden Schafes, das eine Totgeburt hatte, ein und bindet einen Hund vor die Bucht. Damit weckt man den Mutterinstinkt des Tieres und das Schaf nimmt im Idealfall das Lamm sofort an. Muttermilch ist immer besser als Ersatzmilch! Auch müssen Krankheiten frühzeitig erkannt werden und somit ist man in der Lammzeit eigentlich den ganzen Tag im Stall. Später müssen für die Lämmer Lämmerschlupfe aufgebaut werden. Das sind Plätze, zu denen nur die Lämmer Zutritt haben und separat Kraftfutter, Mais- und Grassilage, Zuckerrübenschnitzel und Stroh bekommen. Es ist jedes Mal eine Herausforderung, alle Tiere zu versorgen, wenn 20 oder 30 Lämmer am Tag auf die Welt kommen. Ich bin sehr froh, dass wir moderne Futtereinrichtungen besitzen, womit wir mit wenig Handarbeit das Füttern der Tiere erledigen können. So können wir uns gut auf die Tiere konzentrieren. Das Futter, bestehend aus Gras- und Maissilage, wird auf unseren Feldern mithilfe von Lohn-unternehmern angebaut. Kraftfutterpellets und Zuckerrübenschnitzel kaufen wir dazu. Auch muss in dieser Zeit viel eingestreut werden. Ich musste meinem neuseeländischen Mitarbeiter erst einmal beibringen, wie man eine Strohgabel hält, obwohl er auf einem landwirtschaftlichen Betrieb groß geworden ist. In Neuseeland gibt es keine Ställe und somit nichts zum Einstreuen. Alles findet draußen statt. Darum beneide ich die Neuseeländer, weil ein Stall doch sehr viel Arbeit mit sich bringt.

An Wochenenden kommen häufig Kinder zu Besuch. In der Schafhal-tung können sie gut mithelfen. Kleine, aber durchaus wichtige Arbeiten können schon an Kinder übertragen werden. Joana kommt jetzt seit zwei Jahren und ist mit ihren zwölf Jahren schon eine Unterstützung! Am Anfang war sie im Umgang mit den Tieren noch sehr unsicher, wie z.B. beim Fangen oder Tragen eines Lammes. Mit Freude sehe ich, wie sie jetzt ruhig durch den Stall läuft, so wie ich es ihr beigebracht habe. Längst ist die Geburt eines Lammes für sie keine Sensation mehr, und ich bin sehr erstaunt über ihr Durchhaltevermögen und ihren Willen. Vor ein paar Wochen haben wir Lämmer geimpft. Die Arbeit ist doch sehr anstrengend und langwierig. Da ging es Joana wie mir damals: „Keine Lust mehr!" Ich erklärte ihr die Notwendigkeit des Ganzen, und sie hat dann auch bis zum Schluss geholfen. Die Arbeit mit den Tie-ren, finde ich, ist in vielerlei Hinsicht eine gute Schule. Ganz nebenbei lernt man, Verantwortung zu übernehmen, seine eigenen Bedürfnisse zurückzustellen, Durchhaltevermögen und Disziplin.

Das Schlachten der Tiere ist ein weiterer wichtiger Betriebszweig un-seres Hofes. Alle Tiere werden von uns selbst geschlachtet. Es gehört für mich zu dem natürlichen Kreislauf dazu und ich habe keine Proble-me, die Tiere auch selbst zur Schlachtung zu bringen. Ich kann die Tiere bis zur letzten Minute begleiten, und das empfinde ich als sehr beruhi-gend. Ich bin allerdings damit aufgewachsen und daher das Schlachten von klein auf gewöhnt. Hinter jedem Stück Fleisch sehe ich das Tier, eine Sichtweise, die man leider in den Supermärkten nur noch schwer gewinnen kann. Oft denke ich an den Begriff Massentierhaltung, wenn ich im Supermarkt massenhaft billiges Fleisch sehe. Die geringe Wert-schätzung von Fleisch macht mich traurig und auch wütend. Wir müssen viel Energie in Form von Futter, Arbeit und Zeit aufbringen, bis ein Tier geschlachtet werden kann. Um dann zu sehen, wie das Fleisch in der Discountwerbung für 3,99 €/kg angeboten wird. Ist es denn gerecht, den

Landwirt mit dem Begriff „Massentierhaltung" zu verurteilen? Er wird gezwungen, die Kosten pro Tier so gering wie möglich zu halten, um am Markt bestehen zu können. Gleichzeitig werden die Ansprüche der Gesellschaft an die Haltung von Nutztieren immer höher. Dieses Dilemma scheint vielen bekannt und trotzdem wird weiterhin billig konsumiert und angeklagt! Letzten Sommer war ich auf einer Grillparty eingeladen. Auf dem Tisch sah ich die teuren Smartphones neben der billigen „gut und günstig"-Grillfleischpackung! Leider haben in Deutschland Lebensmittel keinen hohen Stellenwert!

Schade finde ich auch, dass heute von den Schlachtkörpern nur noch die besten Teile verwertet werden. Früher wurde noch Kopf, Darm, Leber oder Hals verzehrt, heute möchte jeder lieber nur das Filet- oder Keulenstück. Ein Lamm hat aber leider nur zwei Keulen! Deswegen haben wir uns entschieden, nur halbe oder ganze Lämmer zu vermarkten. Auch sind mit der Kleinteilvermarktung höhere gesetzliche Auflagen verbunden. Unsere Hauptkunden sind türkische Supermärkte, aber wir beliefern auch deutsche Metzgereien. Unsere Altschafe werden auch von uns geschlachtet. Es gibt noch Kundschaft, die gerne älteres Fleisch möchte, da es sich z.B. super für Hackfleisch eignet. Wir können hier deutlich höhere Preise erzielen im Vergleich zu vielen anderen Schäfereien, deren Standorte so marktfern sind, dass sie die Schafe lebend an den Handel verkaufen müssen.

Wir besitzen ein EU-zertifiziertes Schlachthaus und stehen in direktem Vergleich mit den großen Schlachthäusern. Viele Schäfereien mussten ihre Direktvermarktung aufgeben, weil zum Schlachten zwei Räume vorgeschrieben sind. Ich habe schon perfekt eingerichtete Schlachträume gesehen, die nur aus diesem Grund die EU-Zertifizierung nicht bekommen haben. Das finde ich sehr schade! Einerseits möchten alle regionale Produkte, andererseits sind die Auflagen für die Direktvermarktung doch oft zu streng!

Einmal im Jahr findet die Schafschur statt. Aus unserer Sicht hat Wolle keine wirtschaftliche Bedeutung mehr. Für ein Kilo Wolle bekamen wir in der letzten Schafschur 1,50 €/kg. Im zehnjährigen Durchschnitt lag der Preis ca. bei 1 €. Ein Schaf besitzt ca. 2–4 kg Wolle. Das Scheren, das wir nicht alleine bewerkstelligen können, kostet 2,50 €/Schaf. Somit ist das Verkaufen von Wolle für uns oft nicht rentabel. Früher ging mein Großvater noch auf Wollauktionen und konnte dadurch bessere Preise erzielen. Wolle wurde in Deutschland hauptsächlich für die Textilindustrie benötigt. Heute wird unsere Wolle von einem Händler abgeholt und ins Ausland gebracht. Die Weiterverarbeitung und die Preise, die mit unserer Wolle erzielt werden, bleiben uns verborgen. Uns wird oft vorgeworfen, dass unsere Wollqualität minderwertig ist, da sie unsortiert ist und Schmutzpartikel nicht aussortiert werden. Selbst wenn wir das täten, würden wir nach Aussage der Wollhändler nicht mehr erlösen. Wir befinden uns somit in einer Sackgasse. So gerne wünschte ich mir, dass Initiativen gestartet würden, um unser Produkt besser zu vermarkten.

Trotzdem ist die Schafschur ein richtig schönes Fest mit 20 bis 30 Menschen. Es wird gearbeitet, gegessen und am Schluss ist man froh, dass die Schafe geschoren sind, denn das ist für uns ein Zeichen, dass der Frühling beginnt und das Gras wieder wächst.

Wanderschäferei hat eine lange Tradition auf der ganzen Welt. Doch verändert die Zeit auch die Ansichten. Schäfereien in Deutschland müssen sich heute dem globalen Wettbewerb stellen. In Neuseeland werden die Schafe nur draußen auf riesigen Koppeln gehalten. Natürlich sind hier die Kosten pro Schaf weitaus geringer als mit der Stallhaltung bei uns. Auch erlösen wir mit 2–4 Lämmern/Jahr nicht so viel wie beispielsweise ein Schweinehalter mit 25 Ferkeln/Jahr. Ohne die öffentlichen Gelder, die wir für die Dienstleistung Landschaftspflege erhalten, könnten wir gar nicht überleben. Mit dieser Abhängigkeit bin ich manchmal sehr unzufrieden, weil ich doch von meinen eigentlich erzeugten Produkten Lammfleisch und Wolle leben möchte. Statt den Fokus auf die Produktion zu richten, müssen wir uns viel mit Umweltmaßnahmen und dem Naturschutz beschäftigen.

Die Bestandszahlen der Schafe gehen drastisch zurück in Deutschland. Dies liegt zum einen an den geringen Verdienstmöglichkeiten im Beruf. Zum anderen werden die Weidegründe immer weniger. Und trotzdem habe ich mich für diesen Weg entschieden. Warum? Weil es für mich nichts Schöneres gibt, als abends nach getaner Arbeit den zufriedenen Schafen beim Wiederkäuen zuzuschauen, auf den Wanderreisen Abenteuer zu erleben, Schafhalter auf der ganzen Welt kennenzulernen, mit den Jahreszeiten zu arbeiten und immer wieder Geburten von Lämmern zu erleben. Das gibt mir eine große innere Zufriedenheit, die man für Geld nicht kaufen kann und die ich wahrscheinlich nie mit einem anderen Beruf erreicht hätte.

*Silvia Rutschmann, Milchviehbäuerin in
Baden-Württemberg*

Von Kühen und ihren Menschen

Draußen auf der Weide zieht unsere Kuhherde vorbei. Die Köpfe gesenkt, mit schaukelndem Schwanz und flatternden Ohren frönen die Guten ihrer Lieblingsbeschäftigung: Gras fressen. Irgendwie sind unsere Kühe allgegenwärtig, nicht nur im Stall. Dank der großen Fenster im Haus kann ich sie sowohl während der Büro- als auch Hausarbeit häufig beobachten. Während ich schreibe, rupfen sie beherzt mit ihren langen Zungen die Wiesenblumen ab.

Wir – mein Mann Alfred und ich – leben in einem 450-Seelen-Dorf im Klettgau, einer landschaftlich reizvollen Gegend nahe der Schweizer Grenze, und betreiben einen Bio-Bauernhof. Dessen Herz sind fünfzig Fleckviehkühe, die mit den zwei täglichen Melkzeiten den Takt für unseren Alltag vorgeben. Das kann – je nach Befindlichkeit – wohltuender Rhythmus oder auch einzwängendes Korsett sein. Je nachdem, ob ein laues Lüftchen mich einlädt, einen Spaziergang zu machen, um die Kühe von der Weide in den Stall zu holen, oder ob ich vom Kaffeetisch der Freundin aufstehen muss, obwohl ich noch gerne zum Abendessen bliebe. Hat man als Milchbauer nicht die Möglichkeit, das Melken zu delegieren, ist man wirklich an den Hof gebunden; ein freies Wochenende oder Urlaub gehören ähnlich einem Sechser im Lotto immer noch für viele Landwirte ins Reich der Träume. Die Tiere werden regelrecht zur Last. Das Gefühl, das Leben bestünde nur noch aus Arbeit, drängt sich auf, wenn man nicht ab und zu „stallfrei" hat. Der eigene Horizont beschränkt sich schnell auf Themen rund um die Landwirtschaft, dabei bietet die Welt doch so viel mehr als Euter, Schlepper und Niederschlagswahrscheinlichkeit! Wir wurden uns vor einigen Jahren darüber klar, dass die Arbeit auf dem Hof nicht allein durch Familienangehörige zu bewältigen ist, und stellten zunächst Saisonarbeitskräfte, später feste Mitarbeiter ein, die auch melken können. So schnupperten wir Freiheit – und möchten es künftig nicht missen, hin und wieder übers Wochenende wegzufahren, Weiterbildungen zu besuchen oder sonntagmorgens einfach mal auszuschlafen. So wie (fast) jeder normale Mensch.

In den 1980er Jahren siedelten meine Schwiegereltern den Betrieb aus dem Ortskern vor die südlichen Tore Rechbergs und bauten einen für damalige Verhältnisse sehr modernen Stall: mit einem Fünfer-Tandem-Melkstand, der ersten stationären Melkanlage im Dorf. Die Technik ermöglicht das gleichzeitige Melken von fünf Kühen auf bequemer Arbeitshöhe, wobei die Kuh zum Melker kommt und nicht umgekehrt. Das Melken dauert eineinhalb bis zwei Stunden, morgens beginnen wir um 6.30 Uhr, abends um 17.00 Uhr. Der originale Melkstand ist heute immer noch im Betrieb, wobei er langsam sprichwörtlich auseinanderfällt. Leider ist die Ertragslage der meisten Milcherzeuger – auch von uns Biomilchbauern – so schlecht, dass wir in absehbarer Zeit kaum in der Lage sein werden, aus eigener Wirtschaftskraft heraus eine grundlegende Gebäudesanierung zu finanzieren. Wiederkehrende Geldsorgen und die Gewissheit, ohne Agrarsubventionen kein Jahr unbeschadet überstehen zu können, verringern den Spaßfaktor im Alltag deutlich und nagen am Selbstverständnis. Kein Unternehmer ist gerne abhängig von Geldgebern, egal ob von der öffentlichen Hand oder der ortsansässigen Hausbank. Erfindergeist und Vermarktungstalent unsererseits scheinen die Grundproblematik der zu niedrigen Marktpreise nicht ausgleichen zu können. Frust ist vorprogrammiert.

Die Fassade des Kuhstalles ist mit Klinkern und Holz gestaltet und – wie vor dreißig Jahren üblich – gut isoliert. Zur Belichtung und Belüftung gibt es einen Lichtfirst aus durchsichtigen Kunststoffplatten, den wir vor zwei Jahren erneuerten. Seitdem ist es im Stall wieder viel heller und auch das Stallklima verbesserte sich spürbar. Heute baut man nach neuesten Erkenntnissen Kaltluftställe: hoch, hell und offen, mit Windschutznetzen gegen Zugluft. Den Bedürfnissen der Rinder kommt das viel mehr entgegen. Am tollsten finde ich die neuen Kompostställe, die mit ihren weichen Liegeflächen höchste Anforderungen für das Tierwohl erfüllen, allerdings einen hohen Flächenbedarf mit sich bringen. Wir haben jedes Mal eine Krise, wenn wir nach der Besichtigung eines solchen Neubaus in unseren alten Kuhstall zurückkommen. Die

Metallteile sind verzogen, das Holz ist brüchig und der Beton platzt stellenweise ab. Am liebsten würden wir alles abreißen und neu bauen, denn auch wir möchten unseren Tieren beste Bedingungen bieten. Wir behelfen uns, indem wir ständig reparieren und die Fassade, wo immer möglich, öffnen, um Luft hereinzulassen. Gut fürs Stallklima – jedoch mit Komfortverlust für den Menschen verbunden. Im Winter ist es beim Melken mittlerweile ziemlich kalt – und die vorhandenen Wasserleitungen sind nicht für Minusgrade ausgelegt. Eine allseits sehr beliebte, noch recht neue Stalleinrichtung ist unsere Kuhbürste. Wir verwendeten die angesammelten Trinkgelder unserer Kunden für den Kauf des Geräts und sind uns einig, dass das eine hervorragende Investition war. Die ungefähr ein Meter lange, frei schwingende Bürste mit sehr stabilen Borsten beginnt zu rotieren, wenn eine Kuh einen Körperteil dagegendrückt. Die Führung der Bürste über den Körper lernten die Kühe innerhalb kürzester Zeit. Besonders scheint ihnen das Kratzen an der Schwanzwurzel zu gefallen. Wie sie sich unter den Borsten aalen, ein Augenschmaus!

2007 erstellten wir in unmittelbarer Nähe zu den Stallungen ein Wohnhaus. Seitdem sind wir mittendrin in der Natur und erleben diese sehr intensiv. Unvergesslich bleibt z.B. die Nacht, als mich um zwei Uhr in der Früh Gezwitscher weckte und ich mir zunächst Sorgen machte, ob denn alles in Ordnung sei. Ich hörte zum ersten Mal das wunderschöne Singen von Nachtigallen. Vogelgesang in der Dunkelheit hat etwas Magisches.

Vor dem Hausbau wohnten wir in einer Mietwohnung im Dorf, in die ein großes Büro integriert war. Ich bekam (viel zu) wenig vom Hofalltag mit, betreibe ich doch seit fünfzehn Jahren ein Landschaftsarchitekturbüro. Nach der Existenzgründungsphase, während der ich noch viel in der Landwirtschaft tätig war und z.b. sehr regelmäßig gemolken habe, nahmen die Planung von Außenanlagen und das Erstellen von Umweltgutachten bis vor wenigen Monaten meine Hauptarbeitszeit in Anspruch. Direktvermarktung von Fleisch und Obst, Schnapsbrennen, Buchhaltung, Organisatorisches und der Haushalt liefen nebenher. Im Stall, auf den Feldern oder in der Obstanlage war ich nur noch selten anzutreffen. Zum Jahresende fühlte ich mich regelmäßig ausgelaugt vom Trubel in Haus, Hof und Büro. Derzeit verlagere ich meine Arbeitskraft zurück in die Landwirtschaft, ausgelöst durch einen Personalmangel. Ich finde am Bäuerinnen-Dasein wieder mehr und mehr Freude. Das existenziell Wichtigste überhaupt zu tun, nämlich wertvolle Lebensmittel verantwortungsvoll zu erzeugen, in natürliche Abläufe integriert und mit Tieren zusammen zu sein, tut mir spürbar gut. Auf den PC-Bildschirm starre ich immer noch genug.

Kühe waren – glücklicherweise – schon immer meine Lieblingstiere. Ich hatte aber nie im Sinn, meine Partnerwahl davon beeinflussen zu lassen und mich deswegen in einen blauäugigen Landwirt zu verlieben! Meine Mutter, die selbst aus einer Bauernfamilie stammt und eine arbeitsreiche Jugend hatte, erschrak deshalb im ersten Moment, als ich Fred daheim vorstellte und sich abzeichnete, dass es ernst wurde mit uns zwei. Noch heute, über 80-jährig, nimmt sie regen Anteil an unserem bäuerlichen Leben. Immer wieder erzählt sie aus ihrer Kindheit und Jugend: von der schweren Arbeit auf den Kartoffelfeldern, den braven Zugpferden, die sehr wertvoll waren, und den Abenden mit ihren Geschwistern auf der warmen Kachelofenbank in der guten Stube. Ich höre ihr so gern zu. Ihr Vater war, wenn er zu viel um die Ohren hatte, ziemlich roh zu seinem Vieh. Eine unrühmliche Art, Dampf abzulassen, das mag man sich nicht vorstellen. Aber manchmal nervt es natürlich, das Rindvieh! Unsere schnuckeligen Kälber werden zur Plage, wenn ich sie dabei erwische, wie sie die Rinde der frisch gepflanzten

Apfelbäumchen annagen. Ich hasse es, am Sonntagmorgen – noch im Schlafanzug – die entlaufenen Rinder aus den Rebbergen herauszujagen und mich bei Gartenbesitzerinnen für Trittschäden in Blumen- und Salatbeet entschuldigen zu müssen. Das sind Momente, in denen ich das Rind gerne bei den Hörnern packen möchte, denn es ist selten Anlass zur Freude, halten sich Tiere an Orten auf, an denen sie eigentlich nichts zu suchen haben. Leider kommen wir in den (raren) weisen Augenblicken zum Schluss, dass sie, die Nervenden, uns lediglich unsere Unvollkommenheit, Lässigkeit oder Vergesslichkeit vor Augen führen. Der Stammschutz der Bäume war schlampig, der Weidezaun defekt et cetera pp. Ich habe unzählige Beispiele auf Lager, die zunächst meinen Adrenalinspiegel in die Höhe schnellen lassen und die – die Zeit heilt bekanntlich alle Wunden – ich gerne als Anekdötchen in geselliger Runde zum Besten gebe.

Als Kind hatte ich ein Erlebnis, das ich nie vergessen werde. Es war gar nicht zum Lachen. Ich ging damals von der Schule heim und kam an Opas Bauernhof vorbei. Auf dem Pflaster vor dem Stallgebäude lag eine Kuh in höchster Not und musste geschlachtet werden. Alles war voller Blut, so erinnere ich mich zumindest. Grausig. Besonders der Blick des Tieres ist mir immer noch gegenwärtig: Nackte Panik stand in seinen Augen. Leidende Tiere kann ich bis heute nur schwer ertragen, doch natürlich kommen auch auf unserem Hof immer wieder Situationen vor, in denen Tiere Schmerzen oder Angst widerfahren. Es ist bei Unfällen, akuten Krankheiten oder schweren Geburten nicht hilfreich, den Kopf zu verlieren, das macht es nur noch schlimmer. Ich reiße mich sehr zusammen, was im Laufe der Jahre und mit zunehmender Erfahrung immer besser gelingt. Zum Glück hat mein Mann gerade dann Nerven wie Drahtseile. Ich bin heilfroh, ihm die notwendigen Entscheidungen überlassen zu dürfen!

Um täglich (weitestgehend) gefahrlos mit Tieren arbeiten zu können, braucht man Kenntnisse über ihre arttypische Wahrnehmung, ihre Verhaltensmuster, ihre Bedürfnisse. Beim Verladen und Umtreiben hat ein ruhiger und bedachter Umgang besondere Bedeutung. Geht die Arbeit geordnet ab – oder kommt es häufig zu brenzligen Situationen, in denen Unfallgefahr für Mensch und Tier entsteht? Erschrecke ich sie z.B. mit einer unbedachten, schnellen Bewegung oder übe ich zu viel Druck durch Nähe oder lautes Rufen aus, zahlen die Rinder es möglicherweise mit einem Huftritt heim. Kommt das vor, bin ich stinksauer, richtiggehend beleidigt. Aber eigentlich bin ich ärgerlich auf mich selbst, denn ich vergaß: In der Ruhe liegt die Kraft! Tiere im Allgemeinen – und natürlich auch das Rindvieh – sind unerbittliche Spiegel der eigenen Person. Sind Tiere insgesamt eher ängstlich, schreckhaft und unruhig, sagt das etwas über die Menschen aus, die ihnen nahekommen. Es finden sich allerdings auch immer wieder einzelne Tiere im Bestand, denen eine Sicherung durchgebrannt zu sein scheint. Oder die hinterhältig sind. Mit denen kündigen wir die Zusammenarbeit sehr schnell auf. Seit ca. zehn Jahren enthornen wir unsere Rinder nicht mehr. Das Erscheinungsbild der Kühe und auch der Umgang mit ihnen veränderten sich dadurch. Wir sind vorsichtiger und halten mehr Distanz. Bisher (toi, toi, toi!) bekam noch nie jemand einen Hornstoß ab. Die Kuh kommuniziert mit ihren Hörnern ihre Absichten, für uns größtenteils verständlich. Trotzdem kommt es – zum Glück selten – zu gefährlichen Situationen, die meisten Bauern haben sich wohl im Umgang mit dem Vieh schon einmal verletzt. Vor einigen Jahren holte ich die Kühe zum Melken heim und geriet dabei zwischen eine „stierige" (d.h. paarungsbereite) Kuh und den Deckbullen. Keine gute Position, denn Liebende soll man nicht trennen! Der Stier senkte den Kopf, scharrte mit den Hufen und schnaubte. Alles Anzeichen für einen baldigen Angriff des tonnenschweren Tieres. Ich hatte nie im Leben zuvor solche Angst. Ich schrie um Hilfe, aber niemand konnte mich hören, ich war viel zu weit weg vom Stall oder bewohnten Gebäuden. Ich streckte die Arme in einer Abwehrhaltung nach vorne aus und ging, ohne dem Bullen den Rücken zuzudrehen, langsam nach hinten in Richtung Weidezaun. Er verfolgte mich, bereit zur Offensive. Irgendwann war ich so nahe am Elektrozaun, dass ich mich mit einem Sprung retten konnte. Der Stier lief wütend entlang des Zaunes auf und ab und ich rannte heulend nach Hause. Das Monstrum wurde am nächsten Tag vom Viehhändler abgeholt. Seitdem ist mein Verhältnis zu Bullen gestört, ich meide sie wie der Teufel das Weihwasser. Es ist mir einiges an Leichtigkeit im Umgang mit dem Rindvieh verloren gegangen. Vielleicht aber auch gut so, denn der Grat zum Leichtsinn ist ein dünner. Ich habe jetzt stets ein Stöckchen als Treibhilfe dabei, das gibt mir Sicherheit und ich fühle mich wieder am längeren Hebel.

    Ich schaue aus dem Fenster. Unsere „Mädels" fläzen sich mittlerweile tiefenentspannt auf der Weide. Sie rülpsen jeden einzelnen Bissen der Wiesenblumen wieder herauf und kauen ihn erneut bis zu 70-mal.

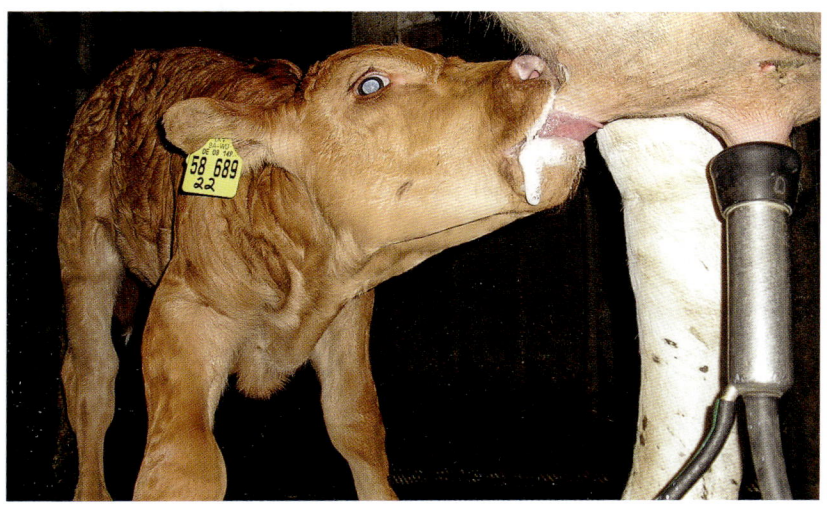

Na, dann: „Mahlzeit!" Ihr Blick beim Wiederkäuen geht mir durch und durch. Als hätten sie die Weisheit mit Löffeln gefressen. Kühe strahlen große Ruhe aus, wohltuend für einen temperamentvollen Menschen wie mich. Bin ich unausgeglichen oder hektisch, zwingen sie mich dazu, mich zu bremsen. Kühe lassen sich nicht hetzen. Sie werden eher bockig oder ängstlich, und machen dann genau das, was man eigentlich nicht möchte. Zäune durchbrechen. Stur dastehen. Alles vollscheißen. Kühe verlangen nach Selbstdisziplin, Verlässlichkeit, selbstbewusstem Auftreten und klaren Signalen. Sie durchschauen unsere Unsicherheit und Zögerlichkeit sofort und tanzen uns auf der Nase herum. Sie bieten – besonders auch jungen Menschen – die wunderbare Möglichkeit zu üben, sich auf freundliche Weise Respekt zu verschaffen und durchzusetzen.

Draußen blökt jemand. Das kann alles bedeuten! Zum Beispiel, dass ich in wenigen Augenblicken draußen herumrenne, um ausgebüxte Rinder in ihre Schranken zu weisen. Ich stehe vom Schreibtisch auf. Das Blöken stammt erfreulicherweise von den Kälbern, die heute zum ersten Mal auf die Weide vorm Jungviehstall dürfen (glückliches Blöken) und dabei leider auch Bekanntschaft mit dem Elektrozaun machen (erschrockenes Blöken). Ich amüsiere mich über die hüpfenden Minis im Freiheitsrausch.

Wir haben gerade 45 Kälber, alle sind in den Monaten Februar bis Mai auf die Welt gekommen, d.h., unsere Kühe kalben saisonal ab. Wir orientieren uns in Sachen Fruchtbarkeit an der Natur: Draußen gebären die Wildtiere im Frühjahr ihre Jungen, da das Nahrungsangebot und die Temperaturen es gut mit ihnen meinen. Nachahmenswert, oder? Wir lassen also im Sommer den Deckbullen für zwei bis drei Monate zu unserer Kuhherde – neun Monate später, im Frühjahr, folgt Schlag auf Schlag eine Kälbchengeburt der anderen. Es ist höchstes Engagement von uns in dieser Zeit gefragt. Fred geht nachts oft zweimal in den Stall, um nach dem Rechten zu schauen. Sind die Kälber da, behalten wir ihren Gesundheitszustand sehr genau im Auge. Denn ein Krankheitserreger kann sehr viele Tiere auf einmal befallen und den ganzen Nachwuchs dahinraffen.

Fruchtbarkeit, Trächtigkeit und Geburt sind so wichtige Aspekte im Leben einer Kuh, dass es meiner Meinung nach zu einer artgerechten Haltung gehört, dass sie auch ihrem Mutterinstinkt nachgehen darf. Üblicherweise werden auf Milchviehbetrieben Kuh und Kalb nach fünf Tagen voneinander getrennt, oft schon deutlich früher.

Seit dem Jahr 2005 betreiben wir „Muttergebundene Kälberaufzucht", d.h., ein Kalb darf für eine Dauer von etwa drei Monaten direkt bei der Mutter saugen, obwohl diese zweimal am Tag gemolken wird. Wir entschieden uns für diese Haltungsform zunächst aus purer Not, weil viele Kälber an einer Durchfallerkrankung starben und wir mit Hygienemaßnahmen und Tiermedizin keine durchschlagende Besserung erreichten. Wir ließen Kuh und Kalb vierundzwanzig Stunden am Tag zusammen. Kühe sind leidenschaftliche Mütter, die sich wunderbar um ihren Nachwuchs kümmern. Außerdem produziert ihr starkes Immunsystem Abwehrstoffe gegen Erreger in ihrer Umwelt, die sie über die Milch an ihre Jungen weitergeben. Siehe da: Die Kälber genasen oder blieben gesund, die Seuche war überwunden. Dafür war der Milchtank leer, auch nicht schön! Die Kälber soffen uns geradezu die Haare vom Kopf, bald fragte die Hausbank an, wo denn das Milchgeld bliebe, und wir bekamen Probleme mit unserer Zahlungsfähigkeit. Wir mussten das System – von dem wir grundsätzlich überzeugt waren – variieren, wollten wir den Betrieb nicht herunterwirtschaften. Wir meinen, nun eine für unseren Hof gut umsetzbare Lösung gefunden zu haben. Die Kälber bleiben nach der Geburt für ungefähr eine Woche bei ihren Müttern, die Kühe werden einmal täglich gemolken. Nach der ersten Lebenswoche werden die Kälber in eine Kälbergruppe (eine Art Kindergarten) gebracht und dürfen nach dem Melken jeweils für knapp eine Stunde zu ihren Müttern und deren Euter leer saugen. Nach einer kurzen Gewöhnungsphase gehen die Kühe, nachdem ihr Kalb satt ist, beruhigt und zufrieden hinaus auf die Weide. So lernen Kuh und Kalb die zeitweise Trennung von Anfang an. Nach drei Monaten, wenn die Kälber sich von der Milch entwöhnen sollen, werden mehrere Kälber einer Amme zugeteilt. Bei den Ammen verbleiben sie dann noch ungefähr einen Monat. Danach können sie gut auf Milch verzichten, lernten sie doch Heu- und Grasfressen von der Pike auf.

Die muttergebundene Kälberaufzucht erfordert in Kombination mit dem saisonalen Abkalben einen gewissen Großmut von Mensch und Tier, denn während dieser Zeit geht es nicht immer ganz geordnet und gleichförmig im Stall zu. Die vielen Kälber und die sehr leidenschaftlichen Mütter drängen zueinander, wir müssen die ganze Meute führen und lenken, und auch der Geräuschpegel ist phasenweise ziemlich erhöht. Kommen die Kühe von der Weide, rufen sie erst einmal lautstark nach ihren Kälbern, da braucht es Humor und gute Nerven unsererseits – oder ein paar Ohrenschützer.

Das finanzielle Fiasko, das anfänglich von den saugenden Kälbern mitverursacht wurde, führte uns deutlich vor Augen: Wir können unsere Tiere nicht zum Selbstzweck halten. Die Milch ist unsere Haupterwerbsquelle, unsere Existenzgrundlage. Das Jungvieh stellt entweder unsere Nachzucht – also unsere zukünftigen Milchkühe – dar oder wird zur Fleischproduktion gemästet. Wenn Tiere Probleme mit der Fruchtbarkeit oder chronische Krankheiten haben, werden sie verkauft. Alles andere ist auf einem Bauernhof, der sich wirtschaftlich rechnen muss, nicht machbar. Alle haben eine Aufgabe: Die Katze liegt dekorativ auf der Holzbank vorm Haus und fängt Mäuse, die zwei Hunde sind gut fürs Gemüt und helfen, das Vieh zu den Melkzeiten in den Stall zu holen, und die Regenwürmer, die der Ökolandbau besonders schätzt, machen den Ackerboden besser. Ich habe oft das Gefühl, mit unseren Haus- und Nutztieren in einem Team zu „spielen", wobei wir Bauern die Posten des Mannschaftskapitäns, des Trainers und des Managers in Personalunion einnehmen.

Unsere Vision von Landwirtschaft baut auf einer engeren, partnerschaftlichen Beziehung von Bauer und Konsument auf. Deswegen ist für uns die Direktvermarktung von hofeigenen Produkten im unmittelbaren Umfeld so bedeutsam. Wir verkaufen an sechs Tagen im Jahr Rindfleisch. Das Jungvieh, rund siebzig Rinder an der Zahl, wird in Gruppen von vier bis dreißig Tieren gehalten, das Handling beschränkt sich auf Füttern, Einstreuen und Umtreiben in Stall und Weide. Die Tiere sollen gesund sein, gutes Futter, kuschelige Liegeflächen und eine schöne Weidesaison haben. Ein einzelnes Rind tritt selten speziell in Erscheinung, wir nehmen sie als Einheit, als Herde wahr. Deswegen ist es für uns Profis kein emotionales Drama, wenn wir einzelne Tiere aus der Gruppe herausnehmen, um sie zu schlachten. Natürlich lässt uns ein sterbendes Tier nicht kalt, niemand hat im Schlachthaus ein Lied auf den Lippen. Möglichst angstfrei und respektvoll soll es vonstattengehen, diesem persönlichen Anspruch versuchen wir immer gerecht zu werden. Gerade beim Schlachten haben wir Tierhalter eine große Verantwortung, besonders in jenem schwächsten Augenblick gilt es, die Würde des Tieres zu achten und ihm Zeit zu lassen.

Die Rinder – wir schlachten stets zwei Tiere – werden homöopathisch beruhigt, bevor wir sie zum Klettgauer Schlachthaus bringen. Der Transportweg ist sehr kurz. Noch lieber würden wir sie auf der Weide schießen, sind aber die jagd- und hygienerechtlichen Erfordernisse noch nicht angegangen. Wir hoffen auch auf eine Gesetzesänderung, die diese stressarme Art der Tötung für die Praxis erleichtert. Derzeit übernimmt das Töten ein Metzger, mein Mann Fred ist immer dabei. Alle planen genügend Zeit ein und sind gut vorbereitet, sodass es nicht hektisch oder chaotisch wird. Während wir das eine Tier schlachten, schließen wir die Türen, damit das andere, das noch im Viehwagen warten muss, möglichst wenig mitbekommt. Hin und wieder gehe ich ins Schlachthaus mit, denn ich verkaufe das Fleisch und vertrete unsere Art zu schlachten gegenüber den Kunden. Ich muss wissen, wovon ich spreche.

Die Kunden holen zehn Tage später, nachdem das Fleisch gereift ist, direkt im Schlachthaus ihre Bestellung ab. Das gefällt mir besonders: Einerseits ist es arbeitswirtschaftlich geschickt, andererseits ist so jedem unserer Kunden klar, was er da isst. Nämlich ein Tier, das gelebt hat und nicht ein in Folie eingeschweißtes Stück Irgendwas. Aber wir alle sollten unseren Fleischkonsum einschränken – und so freue ich mich, wenn viele verschiedene Kunden bewusst und maßvoll unser Rindfleisch genießen. Wir haben nicht das Ziel, so viel Fleisch wie möglich zu verkaufen, geschweige denn diesen Betriebszweig immer weiter auszuweiten.

Mittlerweile können wir nahezu den gesamten Schlachtkörper des Tieres an unsere Kunden weitergeben: Es gibt Innereien-Liebhaber, Suppenfleisch-Fans und Ochsenschwanz-Köche. Einige Kunden nehmen die Abschnitte, die sonst im Müll landen würden, die Knochen oder den Pansen für ihre Haustiere mit. Ich finde, es hat etwas mit Respekt für das Tier zu tun, nicht nur Edelteile wie Filet oder Steaks zu essen, sondern das Tier wirklich mit Haut und Haar zu „verbrauchen". Das Thema Fleischessen beschäftigt uns sehr regelmäßig, immer wieder sind Gäste oder Praktikanten bei uns, die sich vegetarisch ernähren. Ich kann diese Ernährungsweise sehr gut nachvollziehen. Bei der Vorstellung, jeden Tag in Agrarfabriken produziertes Fleisch zu essen, wird mir schlecht.

Rund die Hälfte unseres Jungviehs, nämlich die Männchen, landet nach zwei bis drei Jahren auf einem Teller. Die weiblichen Tiere bleiben auf dem Hof und bekommen, wenn sie das erste Mal gekalbt haben, einen hübschen, charakteristischen Namen. So schlendern heute unter anderem „Ines", „Rosi" und „Zilla" über das Klettgauer Grünland. Fünfzig Namen können wir uns gerade noch merken, schon deshalb dürfte unsere Herde gar nicht größer sein.

Im besten Fall beschreibt der Name die Eigenarten eines Tieres. „Michelle" ist mit ihrer eleganten Statur und ihrem glänzenden hellen Fell ein Lichtblick im Stall. Namenspatronin ist eine Schauspielerin (ja, genau, die „Pfeiffer"!), die nichts von der Ehre ahnt, die ihr angetan wurde. Kalbin „Angi" wurde nach meiner Schwägerin benannt, die meine grandiosen Nichten Anna und Mara auf die Welt brachte, Zwillinge. Na ja, die Kalbin gebar unlängst eben auch zwei Kälber.

Die besonders schönen Momente mit Tieren sind diejenigen, in denen sie von sich aus Nähe suchen und so Vertrauen beweisen. Wenn ein Kalb seinen Kopf an meinem Bein reibt oder an der Hand saugt. Wenn mich die Kuh arglos an das frisch geborene Kalb herantreten lässt. Wenn ich frühmorgens am Rand der Weide stehe und meine „Mädels" rufe – und alle folgsam in den Stall kommen. Wenn eine Kuh es sichtlich genießt, dass ich ihr Euter eincreme. Wenn sie ganz still hält, während ich sie streichle. Wenn mir die temperamentvollen Rinder beim Weideabtrieb vertrauensvoll folgen. Sie beim Grasen zu beobachten und ihr Wohlbefinden zu spüren. Es macht zufrieden, durch den Stall zu gehen und alle Tiere gut versorgt zu wissen. Und es rührt besonders an, wenn eine alte Kuh, der wir viele Liter Milch und schöne Kälber zu verdanken haben, brav in den Anhänger steigt, der sie zum Schlachter bringt.

Wir fragen uns immer wieder: Wie soll eine gute Mensch-Kuh-Beziehung aussehen? Was macht das Wesen eines Rindes aus? Wie viel Domestikation ist notwendig, wie viel Natürlichkeit möglich? Wir sind uns bewusst, dass wir nicht den Fehler begehen sollten, an ein Tier menschliche Maßstäbe anzulegen, ihm Gefühle oder Gedanken zu unterstellen, wie wahrscheinlich nur wir Menschen sie kennen. Trotzdem versuchen wir, ein bisschen in die Wahrnehmungswelt unserer Tiere einzutauchen, um Situationen, die ihnen Angst machen, zu erkennen und so Probleme lösen zu können.

Wir dürfen uns aber nicht nur für unsere Tiere ins Zeug legen. Wir sollten das Wohl unserer Mitarbeiter, unseres Partners und natürlich auch das eigene nicht vergessen. Die Arbeit und das Leben auf dem Hof sollen zufriedene, innerlich ausgeglichene Menschen hervorbringen. Unser Beruf ermöglicht viele glückliche Momente, intensive Begegnungen mit Menschen und Tieren, beeindruckende Erlebnisse in der Natur.

Aber es gibt natürlich nicht nur das Leben in der Landwirtschaft. Wir sollten mutig genug sein, von Zeit zu Zeit zu prüfen, ob wir gerne Bauern sind oder nur Traditionen fortführen und eigentlich schon längst die Freude am täglichen Tun verloren haben. Nichts ist endgültig. Zufriedenheit ist kein ständiger, verlässlicher Zustand. Wagen wir gelegentlich etwas Neues: im Stall, auf dem Hof, im Leben – mit Herz und Verstand.

Ich lasse meinen Blick nochmals aus dem Fenster schweifen, die Kühe haben sich inzwischen erhoben und grasen einträchtig nebeneinander. Langsam wird's Zeit, sie zu melken.

Heinz Böckmann, Mutterkuhhalter und Schweinemäster in Nordrhein-Westfalen

Mit Karacho in den Futtertrog

Der fast 500 Jahre alte Familienhof lag einst inmitten von Wiesen und Weiden. Bis vor vierzig Jahren wurden hier noch Kühe gemolken. Rund 60 Kühe standen damals im Stall. Allerdings immer nur für eine kurze Zeit. Es wurden tragende Kühe zugekauft, die Kälber nach der Geburt sofort verkauft und die alten Kühe gingen nach dem Abmelken dann zum Schlachter. Als ich acht Jahre alt war, hat mein Vater die Tierhaltung aufgegeben und nur noch Ackerbau betrieben. Erst später kamen Mutterkühe auf den Hof – aber nur in kleinem Stil zur Nutzung der Wiesen und Weiden und der Ställe.

Meine Eltern schufteten wie die Verrückten. Großartige Hilfe von außen hatten wir nicht. Meine Mutter arbeitete, glaube ich, noch mehr als mein Vater. Auch wir drei Kinder mussten mithelfen. Gearbeitet habe ich eigentlich immer gerne. Das Füttern habe ich am liebsten gemacht. An unsere Kälber kann ich mich auch noch gut erinnern. Das Schönste war das Nuckeln an unseren Fingern und der Duft des Milchpulvers beim Kälbertränken. Das mit dem Fingernuckeln konnte ich zumindest auch auf unseren Esel Paul übertragen. Das ging so lange gut, bis mein Freund Thorsten auch mal seine beiden Finger in Pauls Maul schob. Das Ergebnis waren zwei gebrochene Finger mit anschließendem Gips. Eine kleine Ziegenherde gehörte damals auch zu unserem Hof. Unser Ziegenbock war nicht so kumpelhaft. Der konnte einen schon mal mit Karacho in den Futtertrog boxen. Für die abschließende Abreibung durch meinen Vater tat er mir dann schon fast wieder leid.

Die innigste Beziehung zu Tieren hatte ich immer zu Hunden. Solange ich denken kann, haben wir immer Hunde gehabt und sie haben immer eine große Rolle in meinem Leben gespielt. Früher als Kind habe ich meine Probleme mit dem Hund geteilt. Ich habe unserem Rauhaardackel alles Mögliche erzählt, sie war eine gute Zuhörerin. Als ich mal richtig Ärger mit Mutter oder Vater hatte, wollte ich mit unserem Hund wegrennen. Wir sind gerade mal 300 Meter weit gekommen. Der Dackel hatte keine Lust und ohne Hund wollte ich dann auch nicht mehr.

Ebenfalls noch gut in Erinnerung ist die Erntezeit. Ich, der gerade über das Lenkrad gucken konnte, sollte mit dem Trecker und dem Ballenwagen möglichst nah an den Reihen mit den einzelnen Strohballen vorbeifahren, damit mein Vater die Bunde aufstechen konnte. Dies klappte natürlich nicht immer. Das ein oder andere Bund Stroh musste dann schon mal dran glauben. Das endete dann regelmäßig in einer Schreierei.

Das mit dem Schreien konnte mein Vater überhaupt besonders gut. Ich wusste damals schon, so schreien wollte ich später nicht, was mir, glaube ich, ganz gut gelungen ist. Doch manchmal kommen die Gene einfach durch. Die angespanntesten Situationen gab es immer, wenn eine Kuh austrat oder eine schwächere Kuh heftig geboxt wurde. Auch das Umtreiben und Verladen von Tieren zählte nicht zu seinen Lieblingsarbeiten. Er war sehr ungeduldig und hatte eine sehr kurze Zündschnur, da ging schon mal der ein oder andere Besenstiel kaputt. Sicher waren es Momente der Überlastung, in denen ihm seine Nerven durchgingen und er ausrastete. Allerdings geschah dies nie aus Willkür heraus und eigentlich war er sogar sehr lieb zu den Tieren.

Das schlimmste Erlebnis mit unseren Tieren war für mich, als unser Zuchtbulle vom Viehhändler abgeholt wurde. Aus irgendwelchen Gründen gelang es unserem Bullen nicht mehr, auf die Beine zu kommen, und er wurde mithilfe einer Seilwinde liegend auf den Viehanhänger gezogen. Dass ein Tier geschlachtet wird, gehörte für mich dazu, aber wenn es ein Tier war, das längere Zeit auf dem Hof war und das man liebgewonnen hatte, war es was anderes. Das Bild des Bullen, der auf den Viehanhänger gezogen wurde, habe ich noch immer vor Augen. So wie die Viehtransporter, mit denen damals die Kühe immer den Hof verlassen haben. Dass Tiere geschlachtet werden, um anschließend gegessen zu werden, gehörte mich als Kind einfach dazu. Da mein Vater auch Jäger war, war es für mich als Kind auch selbstverständlich, Tiere von ihren Qualen zu erlösen (bei einem angeschossenen Tier) oder sie etwa auszunehmen usw.

Ich fand den Beruf des Bauern schon als Kind sehr schön und wollte immer schon Bauer werden. Am liebsten Bauer und Jäger. Ich konnte mir damals nichts anderes vorstellen. Mein Vater war aber gewohnt, immer die Marschrichtung vorzugeben, und es war vorauszusehen, dass er seine Bestimmerrolle nicht abgeben würde. Daher habe ich mich entschieden, stattdessen den Beruf des Heizungsbauers und Dachdeckers zu erlernen, und habe damit auch mein Geld verdient – solange mein Vater auf dem Hof war.

Ich habe zwar noch regelmäßig mitgeholfen, aber wir waren bestimmt kein „Dream-Team". Erst als er 64 Jahre alt wurde, konnten wir langsam unseren Traum verwirklichen. Wenn ich ihm damals nicht unmissverständlich klar gemacht hätte, entweder der Hof oder die handwerkliche Schiene, hätte er, glaube ich, noch ein paar Jahre weitergemacht. Dann wären wir wahrscheinlich heute keine Bauern. Heute bin ich zwar kein gelernter Landwirt, aber mit ganzem Herzen Bauer und besitze einen Jagdschein. Vor zwölf Jahren habe ich den Hof übernommen und bewirtschafte ihn gemeinsam mit meiner Frau als Familienbetrieb.

Dieser liegt heute an der Nahtstelle zwischen Stadt und Land eigentlich optimal für einen Direktvermarktungsbetrieb. Direkt am Rand eines Stadtteils von Herne liegt hinter dem Hof die offene Landschaft mit den Weideflächen. Während die Gebäude äußerlich fast unverändert geblieben sind, wurde innen viel umgebaut. Das meiste in Eigenarbeit. Und das heißt auf so einem alten Hof: Es ist immer irgendwo etwas zu tun. Das ehemalige Backhaus wurde zum Hofladen, der Kuhstall zur Wurstküche.

Zum Hof gehören rund 45 Hektar Land, von dem ein Teil als Wiesen und Weiden genutzt sind und auf der restlichen Fläche noch Getreide angebaut wird. An Tieren gibt es 22 Mutterkühe der Rassen Charolais und Limousin mit Kälbern und Nachzucht, ca. 45 Schweine, acht Gänse, fünf Hühner und ein Kaninchen.

Die Mutterkühe sind mit ihren Kälbern vom Frühjahrsbeginn bis zum Herbstende auf der Weide. Wenn die Kälber ein Dreivierteljahr alt sind, werden sie von ihren Müttern getrennt. Die Kälber werden im oberen Stall gemästet, die Kühe bleiben bis zum nächsten Abkalben im unteren Stall. Alle Tiere – auch die Schweine – werden auf Stroh gehalten. Das Futter kommt – außer dem Soja – alles aus dem eigenen Betrieb.

Sämtliche Tiere werden geschlachtet und im eigenen Hofladen vermarktet. Einmal im Monat ist Schlachttag. Die Rinder werden bei einem Bauern in Waltrop in dessen hofeigenem Schlachthaus geschlachtet und kommen grob zerlegt zurück, die Schweine im Recklinghäuser Schlachthof. Danach ist in unserer Wurstküche eine Woche lang Arbeit angesagt. Rund 30 Prozent geht als Fleisch über die Theke, davon das meiste an Dauerbesteller. Der Rest wird zu Wurst verarbeitet und im eigenen Hofladen verkauft.

Rinder und Bullen lasse ich bis heute noch nicht gerne schlachten. Da sie alle bei uns auf dem Hof geboren werden, habe ich eine engere Bindung zu ihnen. Die Geburten – obwohl schon hundertfach passiert – sind für uns immer noch was Besonderes. Es ist schon ein schöner Moment, wenn ich nach einer Geburt in den Stall komme, das Kälbchen schon wackelnd auf seinen dünnen Beinchen steht und sich über das Euter hermacht. Wenn die Kuh dann noch putzmunter ihre Nachgeburt verdrückt und diesbezüglich auch keinerlei Probleme zu erwarten sind, ist das Glück pur! Leider ist das nicht immer so. Meine Frau, ursprünglich in der Krankenpflege tätig, kann da einiges berichten. Als Krankenschwester ist ihr Herz da noch etwas größer und mitfühlender, wenn es um Tiere geht, die geschlachtet werden sollen. Manch ein Tier bekommt dann doch noch Aufschub oder eine zweite Chance! Sie war es auch, die mich damals dazu animierte, eine Mund-zu-Mund-Beatmung bei einem Kälbchen zu machen. Das war zwar ein bisschen so, als ob ich meine Frau küssen würde, aber blieb leider ohne Erfolg.

Diese enge Bindung gilt besonders bei älteren Kühen. Selbst bei einer Kuh, die mich nach dem Kalben schon zweimal „auf die Hörner" genommen hatte, hatte ich ein gewisses Mitleid, als sie vom Schlachter abgeholt wurde. Sie war aber aufgrund ihrer Gefährlichkeit nicht länger haltbar. Eigentlich müssen solche Kühe schon viel eher ausgemustert werden. Doch als Mutterkuhhalter ist das nicht immer so ganz einfach, gerade wenn man dabei ist, eine Herde aufzubauen.

Bei unseren Mastschweinen sehe ich das anders, da habe ich nicht so ein großes Mitgefühl. Schweine wachsen mir persönlich nicht so ans Herz. Obwohl man sagt, Schweine sind hochintelligent, kommen mir doch ab und zu Zweifel, gerade wenn es darum geht, den Futtertrog oder die Tränke sauber zu machen, oder wenn ein Schwein den Stall wechseln soll und es partout nicht will. Und erst das ohrenbetäubende Gebrüll kurz vorm Essenfassen. Vielleicht sind die Schweine auch schon wieder so intelligent, dass sie es nur aus dem Grund machen, um uns Bauern zu ärgern.

Ein paar Gänse schlachten wir in der Regel auch im Jahr. Leider gibt es keinen anderen, der bei uns Gänse schlachtet. Somit muss ich immer ran. Gänse tun mir immer besonders leid, sie haben so einen treuen Blick. Einmal hatte mich eine Gans, so feste sie konnte, in die Wange gebissen, als ich sie zum Holzklotz trug. Es war zwar nicht so, dass ich ihr die andere Wange hinhielt, doch wirklich böse konnte ich ihr auch nicht sein. Ich musste sogar lachen.

Bis zur Schlachtung geht es den Tieren aus meiner Sicht bei uns auf dem Betrieb ganz gut. Ich versuche, ihnen auch den nötigen Respekt entgegenzubringen, der ihnen zusteht, aber auch das gelingt mir nicht immer.

Ich konnte es allerdings nie ertragen, wenn sich Tiere quälen. Wenn ich heute Tiere bei der Jagd töte, werde ich immer nachdenklicher. Ich kann mir nicht vorstellen, Tiere nur aufgrund der Trophäe zu töten. Entweder muss ein Tier verwertet werden oder es wird durch das Töten Schaden abgewendet.

Besonders schade finde ich, dass man als Landwirt zum Teil gezwungen ist, an jeder Stellschraube zu drehen, um das Tier möglichst effizient zu halten, zu mästen und zu vermarkten, um langfristig am Markt bestehen zu können. Das Hauptproblem liegt daran, dass zu viel von dem Produkt da ist und die meisten Verbraucher nicht dazu bereit sind, mehr für Lebensmittel zu bezahlen. Viele Landwirte wären mit Sicherheit bereit, tiergerechter zu produzieren, wenn die Entlohnung dementsprechend wäre. Das müsste aber dazu führen, dass Verbraucher, die meist empört auf Skandale, Fernsehberichte und Bilder reagieren, nicht nur kurzzeitig ihre Einkaufsgewohnheiten unterbrechen. Es wäre schön, wenn es noch einen anderen Markt zwischen Bio- und konventionellen Produkten geben würde. Die Direktvermarkter haben schon den Anfang gemacht.

Für mich ist der Beruf als Landwirt einer der schönsten Berufe, obwohl es im Jahr auch genügend Situationen gibt, an denen ich die Schnute voll habe. Wenn das Wetter wieder mal Kapriolen schlägt, vor allem während der Arbeitsspitzen. Ich habe das Glück, als Direktvermarkter mich dem Preisdruck des Marktes entziehen zu können. Somit ist es uns möglich, für unsere Arbeit eine angemessene Entlohnung zu erhalten.

Meinen Kindern versuche ich immer zu vermitteln, möglichst wenig Lebensmittel wegzuschmeißen, dafür sind sie zu wertvoll, auch wenn der Preis dies nicht widerspiegelt. Dies zu vermitteln wird in unserer Gesellschaft immer schwieriger. Wir leben in einer Überflussgesellschaft mit Wohlstandsproblemen. Dass zu unserem Fleischverzehr nun mal das Aufziehen und Schlachten von Tieren dazugehört, wird gerne ausgeblendet. Absolut unverständlich für mich ist die Tatsache, dass im Falle eines Seuchenausbruchs z.B. Tausende von Schweinen gekeult werden, obwohl es wirksame Impfstoffe gibt, dass Tausende Tonnen Lebensmittel vernichtet oder einfach weggeworfen werden, weil nicht mehr so lange haltbar, zu viel gekauft oder zu viel zubereitet wurden. Tiere, die aufgrund eines Bruchs im Knochenbereich nicht mehr verwertet, sondern entsorgt werden müssen.

Außerdem versuche ich meinen Kindern zu vermitteln, dass der Umgang mit Tieren – oder auch jede andere Arbeit – Spaß machen sollte. Denn nur wenn man seine Arbeit gerne macht, kann man sie auch gut und zufriedenstellend ausführen, ohne dabei den Respekt vor den Tieren zu verlieren. Auch wenn man manchmal trotzdem einer Kuh „in den Hintern treten" muss.

Den Hof einmal weiterführen zu können, war für mich immer ein Kindheitstraum. Wenn ich heute über unseren Hof, die Wiesen und durch die Ställe gehe, verspüre ich Glück und Zufriedenheit. Ich möchte meinen Kindern diese Freude an der Arbeit weitervermitteln, ich möchte ihnen zeigen, dass die tägliche Arbeit Spaß machen kann und wie schön es ist, selbst in der Hand zu haben, was man macht. Vom Anfang bis zum Ende. Von der Saat bis zur Ernte, von der Geburt der Tiere bis zum Schlachten. Ich möchte, dass sie die Ernte als wertvoll achten und vor den Tieren, die ihr Leben lassen, um uns mit Nahrung zu versorgen, Respekt und Ehrfurcht haben. Dazu gehört, dass man mit den Tieren zu deren Lebzeiten gut umgeht, aber auch den Wert ihrer Produkte hoch einschätzt.

Mit ihren 10 und 13 Jahren sind Julius und Franzi noch zu jung, um sagen zu können, ob sie den Hof einmal weiterführen wollen. Ich werde sie auf keinen Fall dazu zwingen. Es kann nur aus einer freien Entscheidung heraus gut gehen. Noch sind sie in dem Alter, in dem das „vom Hof kommen" zwar durchaus etwas Besonderes ist, aber eben durch die Tatsache etwas getrübt wird, dass die Urlaube vorwiegend auf dem heimatlichen Bauernhof verbracht werden. Mit kleinen Unternehmungen, wie Kanufahren, einen Ausflug nach Holland und in den letzten Jahren einem kurzen gemeinsamen Urlaub, versuchen wir die Kinder zu begeistern, solange es noch geht. Und wer weiß, vielleicht erinnern sie sich ja später wenigstens mal daran, dass es sowas auch mal gab in ihrer Kindheit und Jugend auf dem Bauernhof!

Gudrun, Milchviehhalterin in Schleswig-Holstein

Ein rotbuntes Kalb wurde zum Symbol des Widerstandes

Mitten in der Nacht 2:38 Uhr, mein Handy piept, VMS-Alarm. Der Robby hat ein Problem. Ich stehe auf und gehe nach unten ins Büro, um einen Blick auf den Computer und die Bilder der Stallkameras zu werfen. Das sieht zum Glück nach keinem größeren Problem aus. Da will nur eine Kuh die Robotermelkbox nicht verlassen. Einmal kurz in den Stall gehen, der Kuh Bescheid sagen, sie läuft raus, die nächste Kuh kommt in die Box und weiter geht's mit dem Melken. Noch einen Blick in die Runde, alles ruhig. Die meisten Kühe liegen in ihren Boxen und dösen, einige fressen und zwei andere stehen im Wartebereich vor dem Roboter und wollen sich melken lassen. Ich kann zum Glück nochmal ins Bett. Manchmal ist allerdings wirklich was kaputt, und wir verbringen die halbe Nacht mit Fehlersuche und Reparatur.

Mein normaler Wochentag fängt zwischen fünf und halb sechs an. Wieder mit einem Blick auf den Kuhcomputer. Wie war die Nacht, sind alle Zahlen und Werte in Ordnung? Dann ein Rundgang durch den Stall, einmal jede Kuh anschauen. Einige Färsen, die noch keinen eigenen Melkrhythmus haben, hole ich zum Roboter. VMS heißt übrigens „Voluntary Milk System" und so viel wie freiwillig zum Melken kommend. Jede Kuh kann selbstständig entscheiden, wann sie gemolken werden will. Aber zweimal am Tag ist Minimum, die meisten kommen öfter, im Schnitt nach etwa neun bis zehn Stunden. Deshalb muss der Roboter rund um die Uhr melken, eine Kuh nach der anderen, auch nachts, unterbrochen lediglich durch die Reinigungszyklen. Die jüngsten Kälber bekommen jetzt schon mal eine Flasche Milch, die in der Zwischenzeit warm werden konnte. Um 6.30 Uhr muss ich wieder rein, den Frühstückstisch schnell decken und die Kinder wecken. Was jetzt kommt, kennt jede Mutter: beim Anziehen helfen, trödelnde Kinder motivieren, sich doch etwas zu beeilen, Frühstücksbrote fertig machen, einen Fahrradhelm suchen, … Bei uns geht keiner aus dem Haus, ohne ein Glas Milch getrunken zu haben, natürlich unsere eigene, frisch gekühlt aus dem Milchtank. Die gehört zu fast jeder Mahlzeit dazu und ist einfach oberlecker und gesund. Kurz nach 8 Uhr frühstücken dann mein Mann und ich. Dabei wird alles Wichtige besprochen. Danach wieder Stall: Kälber füttern, einstreuen, Heu verteilen, im Kuhstall Tränken reinigen, Schrot kontrollieren, Futtergänge fegen, Melkkammer schrubben, nochmal einige aufgefallene Kühe genauer überprüfen, bei Bedarf Tierarztbesuch vereinbaren, regelmäßig Routineimpfungen und Blutproben mit dem Tierarzt durchführen usw. Um 12 Uhr muss ich eigentlich zum Mittag-Kochen wieder rein, meistens dauert es im Stall aber doch länger. Bis 13.00 Uhr müssen die Kinder aus dem Kindergarten abgeholt werden, unser Schulkind kommt allein vom Bus. Unsere gemeinsame Mittagsmahlzeit ist uns wichtig, dabei haben die Kinder immer viel zu erzählen. Übrigens schicke ich meinem Mann manchmal eine SMS, wenn mir etwas aufgefallen ist, was er wissen oder kontrollieren oder reparieren muss. Nach dem Mittag ist bei mir erst mal die Luft raus. Wann immer es geht, versuche ich mich für eine Weile hinzulegen. Leider geht das oft nicht, wenn nachmittags Termine anstehen. Dazu gehört, mit den Kindern in die nächste Stadt zum Schwimmunterricht zu fahren und vieles mehr. Das kennt sicher auch jeder, der Kinder hat und auf dem Land wohnt. Manchmal übernehmen mein Mann oder Oma und Opa mal einen Fahrdienst. Im Frühjahr oder zu Erntezeiten gibt es das Essen oft als Picknick auf dem Feld. An den Tagen, an denen wir nachmittags unterwegs sind, gehe ich erst noch mal in den Stall, nachdem die Kinder im Bett sind. Kälber füttern, Kühe kontrollieren und evtl. zum Roboter holen und alles, was sonst noch anliegt. Zwischendurch noch etwas Hausarbeit und – ganz wichtig! – Bürokram. Im Büro bin ich am effektivsten, wenn ich allein bin und absolute Ruhe habe (und wie oft ist das der Fall?). Wenn es sich mit der Stallarbeit vereinbaren lässt, fange ich auch erst mal kurz vor 5 Uhr im Büro an. Ich bin ein großer Fan von allen Dingen, die sich per E-Mail erledigen lassen. Die täglichen Arbeiten auf dem Betrieb regeln mein Mann und ich. Oft fasse ich mit an, z.B. beim Umstellen der Kälberhütten. Auch Tiere umjagen machen wir meistens gemeinsam. „Umjagen" heißt bei uns, bestimmte Tiere in andere Boxen umzustellen. Die kleinen Kälber werden aus ihren Einzelhütten in das große Gruppeniglu gebracht. Die Kälber aus dem Gruppeniglu kommen in den Jungviehstall, männliche und weibliche Kälber jeweils in getrennte Boxen, größere weibliche Jungtiere im Sommer auf die Weide, hochtragende Rinder kommen in den Kuhstall, trockene Kühe im Sommer auch auf die Weide, ... Für unsere Milchkühe haben wir nur wenig Weidefläche direkt am Stall. Da dürfen sie im Sommer raus, fast alle kommen selbstständig zum Melken wieder rein, fressen Silage am Futtergang und gehen zum Melkroboter. In vielen Betrieben, vor allem in denen mit höherer Leistung, ist Weidegang nicht mehr üblich. Wir aber finden es für die Gesundheit und das Wohlbefinden der Kühe wichtig. Die Kühe genießen es sichtlich, bei einer leichten Brise in der Sonne zu liegen, und wir erfreuen uns daran. Aber wenn es anfängt zu regnen, dann kommen sie, bis auf einige ältere Kühe, alle in den Stall. Noch vor zehn Jahren sind wir mit den Kühen entlang der Wirtschaftswege zu ein bis drei Kilometer entfernten Weiden gelaufen. Morgens nach dem Melken hin und nachmittags zum Melken wieder nach Hause. Aber immer öfter mochten einige Autofahrer nicht warten, bis so eine Kuhherde ihr Ziel erreicht hat. Durch Hupen, Drängeln und sogar Überholversuche kommt Panik in die Herde, einige fangen an zu rennen und können sich dadurch verletzen. Viele Menschen möchten auf dem Land leben, aber bitte ohne typisches „Landleben". Also bleiben die Milchkühe jetzt auf der Hauskoppel. Auf den Grasflächen wird Ende Mai der erste Schnitt Grassilage geerntet. Der Folgeaufwuchs wird beweidet oder es folgt noch ein zweiter Schnitt. Im Juni kommen die Jungtiere und trockenen Kühe auf die Koppeln. Wir laden sie auf den Viehwagen, je nach Größe bis zu sechs Tiere, und fahren sie zu den entfernteren Weiden. Und wenn die Tiere erst mal wissen, was es bedeutet, auf den Viehwagen zu gehen, springen sie das nächste Mal rauf, sobald wir die Klappe aufgemacht haben. Genauso ist es aber auch beim Nach-Hause-Holen im Herbst, wenn das Gras nicht mehr so frisch und schmackhaft ist. Dann ist die Aussicht auf leckeres Futter und ein Dach überm Kopf verlockend.

Vom „normalen" Arbeitsablauf gibt es natürlich immer jede Menge Abweichungen. So ist das, wenn man mit Tieren zu tun hat und vom Wetter abhängig ist. Das tägliche Füttern und „Sich-um-die-Tiere-Kümmern."

fällt jedoch an, egal, was sonst noch auf dem Betrieb passiert: Ob es Erntezeit ist oder eine Kuh kalbt, bei minus 20 oder plus 35 Grad, Weihnachten oder Ferienzeit ist. Man ist nicht jeden Tag gleich „gut drauf", mal geht die Arbeit gut und schnell von der Hand, mal nicht. Schwer fällt es, wenn eines der Kinder krank ist.

Um abzuschalten, gehe ich joggen. Hätte ich mir früher nie vorstellen können! Bewegung habe ich in meinem Beruf ja schon genug. Eigentlich ein „gesunder" Beruf: frische Luft (da zähle ich die offenen Laufställe mit dazu), Power-Walking (man ist ja nicht langsam unterwegs), Krafttraining und auch ein paar Fitnessübungen (über und unter Stallabtrennungen und Fressgitter durch). Ich habe mal an einem normalen Arbeitstag den Schrittzähler mitgenommen: Da kommen bei mir locker zwischen 7.500 und 10.000 Schritte zusammen, im Sommer noch mehr. Das Joggen ist aber gut, um den Kopf freizubekommen: mit guter Musik im Ohr über Feld- und Waldwege laufen. Am besten in einem Tempo, bei dem ich an nichts anderes mehr denke außer ans Atmen und wo ich hintrete.

Für den Melkroboter haben wir uns entschieden, um eine Entlastung bei den festen Arbeitszeiten herbeizuführen. Ich verbringe zwar immer noch viel Zeit im Stall, aber unser Tagesablauf ist sehr viel flexibler geworden. Bis vor drei Jahren hatten wir morgens zwischen 6.00 und 9.00 und abends zwischen 16.30 und 19.30 Uhr feste Stallzeiten zum Melken und Füttern. Am Wochenende mal länger schlafen war da nicht möglich. Jetzt sind unsere Nachmittage nicht schon um 16.00 Uhr zu Ende, weil wieder Melkzeit ist. Der Melkroboter bedeutet auch eine körperliche Arbeitserleichterung. Zweimal täglich das Melkgeschirr an jede Kuh ansetzen habe ich schon in den Schultern und Handgelenken

gemerkt. Trotzdem muss die Arbeit erledigt werden, egal wann. Es treten immer wieder unvorhersehbare Dinge auf, und das natürlich genau dann, wenn man eigentlich keine Zeit dafür hat.

Angefangen hat meine Liebe zu Kühen völlig unspektakulär. Eigentlich war ich gerade dabei, Landwirtschaft zu studieren, mit der Fachrichtung Pflanzenproduktion. Ich mochte die Natur, draußen sein, allein, inmitten von endlos weiten Feldern. Im Grundstudium wurden uns allerdings auch die Grundlagen der Nutztierhaltung vermittelt. Und da sah ich sie im Stall der Veterinärmedizin, zwei Kühe der Rasse Schwarzbuntes Milchrind. Die großen Augen und die Ruhe und Gelassenheit, die sie ausstrahlten. Ihre Bewegung der Ohren, als ob sie jedes Wort verstehen. Ich war so beeindruckt, von da an war ich den Rindern verfallen. Ich war fasziniert von der Vielfalt der Rinderrassen. Die ersten Hausrinder gab es nachweislich bereits vor 8.500 Jahren. Aus den an die unterschiedlichen natürlichen Bedingungen angepassten Tieren entwickelten sich die Landrassen. Da wusste ich, dass mein Praxisjahr unbedingt mit Kühen zu tun haben sollte. Ich wollte einfach mehr über diese Tiere lernen. Auf einer großen Farm in Kanada bekam ich meine erste Möglichkeit dazu.

Das war vor fast 25 Jahren. Seit nunmehr 20 Jahren lerne ich täglich Neues über Kühe. Ich habe einen Mann mit Hof kennengelernt, wir haben geheiratet und drei Kinder bekommen. Seitdem verbringe ich ca. 355 Tage im Jahr mindestens fünf, meist eher mehr Stunden täglich im Stall. Mein Mann und ich sagen immer, wenn wir an einem Tag mal nur morgens und abends die Tiere versorgt haben: Das war ein freier Tag, fast wie Urlaub. Wir bewirtschaften einen typischen, mit mittlerweile 90 Milchkühen eher kleinen Betrieb in Schleswig-Holstein. Zu unserem Michviehbetrieb gehören aber auch Kälber, Jungtiere und Mastbullen sowie die gesamte Grundfuttererzeugung. Um auch in Zukunft von unserem Betrieb leben zu können, müssten wir eigentlich die Tierzahl aufstocken. Allerdings möchten wir die Arbeit weiterhin als Familie ohne zusätzliche fest angestellte Arbeitskräfte bewältigen. Mit einigen baulichen Veränderungen wäre wohl ein zweiter Melkroboter möglich, d.h., wir könnten dann 130–140 Milchkühe halten. Das Auslaufen der Milchquotenregelung im Jahr 2015 wird den Strukturwandel im Milchviehbereich wahrscheinlich weiter beschleunigen.

Es dauert fast drei Jahre, bis aus einem weiblichen Kalb eine Milchkuh wird. Der Grundstein dafür wird allerdings weitere neun Monate vorher gelegt. Bereits die Auswahl des Bullen, mit dem eine Kuh besamt werden soll, ist gründlich durchdacht und hat einen Einfluss auf Geburtsverlauf und Fitness des neugeborenen Kalbes.

Ein Kalb sollte in den ersten vier Stunden nach der Geburt mindestens vier Liter Kolostralmilch saufen, um ausreichend Antikörper aufzunehmen. Bei uns bekommen die Kälber ca. drei Monate lang zweimal täglich Milch, in der ersten Woche möglichst die Milch der eigenen Mutter. Im September 1999 wurde eine zentrale Datenbank (hit) für alle Rinder eingeführt. Seitdem müssen jedem Kalb sofort nach der Geburt zwei Ohrmarken eingezogen werden. Die Geburt wird bei der hit gemeldet und jedes Rind erhält einen Tierpass. Wird ein Tier verkauft, dann geht auch der Pass zum neuen Besitzer. Der Lebensweg von jedem Tier kann so nachverfolgt werden und an der Ladentheke kann man erfragen, von welchem Tier das Stück Fleisch stammt. Alle weiblichen Kälber bekommen bei uns einen Namen. In Schleswig-Holstein gibt es für jeden Kälberjahrgang einen neuen Anfangsbuchstaben entsprechend dem Alphabet. Ich versuche immer, für jedes Kalb den passenden Namen zu finden, je nach Fellfarbe, Charakter oder dem Namen der Mutter. Wir haben die Südfrüchte-Familie: Zitrone – Citrus – Grapefruit – Mandarine – Nuss – Rosine – Pampelmuse, die Amerikaner: Minnesota – Arizona – Iowa – New York (nach einer sehr berühmten Kuh) – Missouri, oder einfach nur Santa – Zanta – Manta – Ranta. Und Naseweis ist ein freches Kalb mit einer weißen Nase.

Mit etwa 20 Monaten werden die Rinder besamt oder kommen mit einem Deckbullen zusammen. Kurz nach dem Studium wollte ich natürlich alles, was ich über moderne Milchviehhaltung und Zuchtfortschritt gelernt hatte, auch anwenden. Deshalb kaufte ich von einem befreundeten Züchter drei Embryonen, die bei drei Jungtieren durch einen auf Embryotransfer spezialisierten Tierarzt eingesetzt wurden. Eines der Jungtiere hieß Zanta, wurde von uns aber immer „E.T." (das „Embryotransfer-Tier") genannt. Den Namen „E.T." hat sie behalten, auch wenn nichts aus dem Embryo wurde. Sie wurde dann ganz normal besamt und sofort tragend. Die sehr gute Fruchtbarkeit von „E.T." war einer ihrer großen Vorzüge. Sie hat elf Kälber bekommen und ist jedes Mal bei der ersten Besamung tragend geworden. Leider bekam sie zuerst immer wieder männliche Kälber, bis ihr siebtes Kalb endlich ein Kuhkalb wurde. Ihre insgesamt drei weiblichen Nachkommen sind mittlerweile Milchkühe in unserer Herde und ähneln in Aussehen und Verhalten ihrer Mutter.

Überhaupt hat jede Kuh ihren ganz individuellen Charakter. Ich kann im Stall jede Kuh schon allein daran erkennen, wie sie wo steht, ihren Kopf dreht, mit den Ohren wackelt und wie sie sich verhält. Es gibt die unauffälligen, wenn man so eine sucht, muss man dreimal durch den ganzen Stall laufen. Und es gibt die, die einen mit der Nase anstupsen, sobald man den Stall betritt. Fast alle haben feste Plätze, wo sie am liebsten fressen oder liegen. Auf unserem Betrieb bekommt jedes Tier mindestens eine zweite Chance. Das bedeutet, wenn eine Milchkuh mal krank war oder verkalbt hat oder einfach einen schlechten Start in die Laktation hatte, darf sie mal weniger Milch geben oder länger trockenstehen. Und dann kann sie wieder voll durchstarten. Das ist nicht überall so. Oft wird unter Berufskollegen ein Betrieb daran gemessen, wie hoch die durchschnittliche Herdenleistung ist. Eine hohe Leistung erfordert ein gutes Management. Ein komfortabler, tiergerechter Stall, gute Fütterung und super Betreuung gehören dazu. Oft sind aber die wirtschaftlichen Zahlen der Betriebe mit mittleren Herdenleistungen besser, weil z.B. die Futter- und Tierarztkosten geringer sind. „E.T." wurde sehr alt bei uns, obwohl ihre Milchleistung nur zwischen 7.800 und 9.000 kg Milch pro Laktation lag. Aber sie war eine unkomplizierte Kuh mit sehr guten sogenannten Sekundärmerkmalen, zu denen Gesundheit, Fruchtbarkeit, Fundamente (Beine) und Melkbarkeit zählen. Wegen ihres besonderen Charakters blieb sie bei uns, obwohl wir sie die letzten zwei Jahre nicht mehr gemolken haben, und ist im Alter von 16 Jahren an Altersschwäche gestorben.

Oft werden Tiere, die mal krank waren, besonders zahm. Ein Kalb mit Durchfall oder wenn es eine Frühgeburt war, bekommt fünf-, sechsmal

am Tag was zu saufen. Manchmal können Kühe nach dem Kalben nicht gleich aufstehen. Dann liegen sie auf reichlich Stroh oder bei schönem Wetter im Sommer draußen im Gras und bekommen warmes Wasser und Heu ans „Krankenbett" gebracht. Die bis zu 700 kg schweren Tiere müssen mehrmals täglich auf die andere Seite gedreht werden, damit sie keine aufgescheuerten Stellen bekommen. Wenn diese Kuh nach einigen Tagen Intensivpflege wieder aufstehen kann, dann freuen wir uns riesig. Leider müssen wir auch manchmal die Entscheidung treffen, dass ein Tier eingeschläfert werden muss, wenn keine Aussicht auf Besserung besteht und das Tier Schmerzen hat. Dann leide ich immer mit. Ich bin auch traurig, wenn Kühe aufgeladen werden, die zum Schlachter sollen. Am Anfang meines Lebens mit Kühen habe ich kein Rindfleisch mehr gegessen. Ich wollte doch meine Lieblingstiere nicht aufessen. Aber bei der täglichen Arbeit habe ich gemerkt, dass das nicht richtig ist.

Eine der schlimmsten Zeiten war, als die Rinderkrankheit BSE zum großen Thema wurde. Den Namen Hörsten vergessen die Bauern hier oben im Norden nicht. Das war der Ort, in dem bei der ersten Kuh auf einem schleswig-holsteinischen Betrieb BSE festgestellt wurde. Diese Diagnose bei einem Tier führte unweigerlich zum Töten der ganzen Herde. Die Furcht vor dem Verlust der ganzen Herde war schrecklich. Die Tiere, mit denen man jeden Tag verbringt, für die man sorgt, die gehören irgendwie zur Familie. Eine Herde hat man jahrelang aufgebaut, da drin stecken Züchtung, Selektion, Kuhfamilien, das Herzblut mehrerer Generationen von Landwirten. Ein rotbuntes Kalb wurde zum Symbol des Widerstandes der Bauern gegen dieses sinnlose Töten. Es wurde vom Transporter gerettet, versteckt und bekam den Namen Jeanne d'Arc. Die Angst vor der Herdenkeulung war das eine, das andere Problem war, dass niemand mehr Rindfleisch essen wollte. Die Rindfleischpreise gingen in den Keller bis fast zur Unverkäuflichkeit. Für eine Altkuh, die den Bestand verlassen musste, bekamen wir 100 DM, ein Bullkalb wollte selbst geschenkt keiner haben. Es wurde ein staatliches Aufkaufprogramm initiiert, wo Kühe für einen halbwegs wirtschaftlichen Preis gekauft wurden, um in die Verbrennung zu gehen! Das haben wir nicht mitgemacht! Für uns stand fest, wir verkaufen kein Tier, das nicht aufgegessen wird. Das hat mit Ethik zu tun, mit Respekt vor dem Tier. Mit der Folge, dass wir Tiere, die eigentlich verkauft werden sollten, behalten haben. 50 Tiere haben draußen überwintert. Die mussten natürlich voll gefüttert, bei Minusgraden getränkt und gestreut werden. Wirtschaftlich betrachtet waren unsere Prinzipien katastrophal, denn auch nach der akuten BSE-Krise sollte es Jahre dauern, bis sich der Rindfleischmarkt einigermaßen erholte. Aber auch rückblickend würden wir es wieder so machen. Übrigens wurde der bisher letzte BSE-Fall in Deutschland im Jahr 2009 nachgewiesen. Aufgrund dieser Entwicklung trat im Jahr 2013 eine EU-Regelung in Kraft, die vorsieht, Rinder nur noch in Stichproben auf BSE zu untersuchen. Trotzdem besteht in Deutschland noch eine Testpflicht für alle Schlachtrinder, die über 72 Monate alt sind.

Milch, Butter, Käse und Fleisch bilden eine Einheit. Mir fällt es auch heute noch unheimlich schwer, die Entscheidung zu treffen, eine unwirtschaftliche Kuh aus der melkenden Herde auszusortieren. Ein guter Fleischpreis macht es nicht einfacher, aber dann ist das Tier jedenfalls etwas wert. Hier fällt mir die richtige Wortwahl schwer: Mit „wert" meine ich nicht nur den materiellen Wert, sondern auch die Wertschätzung des Lebewesens. Häufig wird man mit der Auffassung konfrontiert, dass die Kühe lieber auf der Weide gesehen werden als auf dem Teller. Aber ohne „Nach"-Nutzung der Tiere als Fleisch oder Wurst gibt es keine Kuh auf der Weide! Nur Milch und Käse – die vegetarische Variante – geht nicht. Eine Kuh muss ein Kalb bekommen, um Milch geben zu können. Man kann die Zwischenkalbezeit verlängern, aber irgendwann ist die Laktation zu Ende. Ist die Kuh dann wieder tragend, bekommt sie etwa acht Wochen vor dem nächsten Kalb Urlaub. In dieser sogenannten Trockenstehzeit wird die Kuh nicht gemolken, das Euter kann sich zurückbilden, der Fötus wachsen und der ganze Organismus bereitet sich auf die nächste Kalbung vor. Sehr viele Falschinformationen kommen vom Nichtwissen oder sogar Nichtwissen-Wollen und werden auch über die Medien verbreitet. Letztens habe ich eine Geschichte gelesen von einer kleinen Gruppe von Kühen, die sich, um dem Schlachthof zu entgehen, auf den Weg nach Indien machten. Es wurde aus Sicht der Leitkuh erzählt. Unterwegs bekam diese Kuh nun ihr erstes Kalb und schwärmte davon, wie schön es ist, wenn ihr Kalb am Euter saugt im Gegensatz zu dem kalten Melkzeug des Bauern vor ihrer Flucht. Das möchte ich an dieser Stelle mal sachlich richtigstellen: Diese Kuh kann, bevor sie ihr erstes Kalb bekommen hatte, noch nicht gemolken worden sein. Sie würde keine Milch geben. Zwar werden bereits beim weiblichen Kalb die Milchdrüsen angelegt (genau gesagt beim drei Monate alten Embryo). Eine sichtbare Euterausbildung mit Aufnahme der

Milchbildung beginnt aber erst ab der zweiten Trächtigkeitshälfte der Färse, so heißt das tragende Rind vor der ersten Kalbung. Vielleicht ist das die künstlerische Freiheit des Autors jenes Romans .... Mir fallen aber auch sehr nette Erzählungen ein, bei denen jeder, der mit Rindviechern zu tun hat, schmunzelt und sagt „Ja, das ist typisch!" oder „So eine Kuh haben wir auch!".

Ein tierhaltender Landwirt zu sein ist ein sehr verantwortungsvoller und arbeitsintensiver Beruf. Mein Mann und ich haben diesen Beruf freiwillig gewählt und machen ihn gern. Es ist ein interessanter und vielseitiger Beruf, man muss flexibel, spontan und tolerant sein. Er kann unheimlich anstrengend sein, manchmal kommt man an die Grenzen der eigenen Belastbarkeit. Kranke Tiere oder sonstige Probleme im Stall bedeuten nicht nur zusätzliche Arbeit, sondern sind auch psychisch ein großes Problem. Aber es gibt auch unzählige schöne Momente. Immer wieder faszinierend ist eine Geburt. Wir stehen an der Abkalbebox und bewundern die ersten Aufstehversuche des neugeborenen Kalbes und wie es von seiner Mutter abgeleckt wird. Abends einen Augenblick zwischen den Kühen im Stall oder auf der Koppel stehen, da bin ich glücklich. Kühe strahlen eine solche Ruhe aus.

Landwirte übernehmen viel Verantwortung für ihre Tiere. Es gibt wenig, was mich mehr nervt als die Anschuldigungen gegen „Massentierhaltung" und „Agrarfabriken". Eigentlich müsste ich mich da vielleicht gar nicht angesprochen fühlen, wir sind ja nur ein kleiner Familienbetrieb, wo jedes Tier einen Namen hat ... Aber wo beginnt denn „Massentierhaltung"? Haben es Tiere in kleinen Beständen zwangsläufig besser? Ich denke, dass alle Landwirte unter dem momentan schlechten gesellschaftlichen Image leiden, egal ob „guter" Biobauer oder „nur" konventionell wirtschaftend. Noch vor wenigen Jahren hatten mehr Menschen eine Beziehung zur Landwirtschaft und wussten dadurch mehr darüber. Auch die Essgewohnheiten haben sich geändert in Richtung Fertigprodukte, billig oder fleischlos ... Ich finde eine bewusste Auswahl der Nahrungsmittel wichtig. Es ist gut, wenn man hinterfragt, wo unsere Lebensmittel herkommen. Der Verbraucher kann mit seiner Einkaufsentscheidung Einfluss nehmen auf die Herkunft und die Art und Weise der Produktion. Für die Erhaltung der Vielfalt unserer Haustierrassen ist es wichtig, dass eine Nachfrage nach bestimmten Qualitäten besteht. Man kann nur erhalten, was man nutzt. Natürlich muss ich mich drauf verlassen können, dass draufsteht, was drin ist. Wenn

ich für Käse aus „frischer Nordseemilch" mehr Geld ausgebe, dann soll
da auch nicht mal teilweise Milch aus Süddeutschland enthalten sein.
Oder Fleisch von Ochsen, die ausschließlich auf der Weide gemästet
wurden, muss teurer sein, da sie geringere tägliche Zunahmen haben.
Es darf nicht sein, dass auf einer Verpackung nur draufsteht „Herge-
stellt für …", statt wo und was. Für eine vegane Lebensweise kann
man sich aus unterschiedlichen Gründen entscheiden, aber nicht, um
den Tieren „Leid" zu ersparen.

Zum Schluss möchte ich aus dem Lehrbuch „Tierzüchtungsleh-
re" (herausgegeben von Prof. Dr. Horst Kräulich) zitieren: „Bei allen
Erörterungen über artgerechte Tierhaltungen sind die domestikati-
onsbedingten Hirn- und Verhaltensänderungen zu berücksichtigen;
Haustiere sind haustiergerecht zu halten. Die Domestikation ist nicht
umkehrbar. Domestikationsbedingte Änderungen sind meistens keine
Verschlechterungen, keine „Degenerationen", sondern es sind Anpas-
sungen an die ökologischen Bedingungen des Hausstandes."

Oft wird nur über die Haltungsbedingungen der Tiere diskutiert. Das
Wohlbefinden kann man nicht in Quadratmeter Liegefläche pro Tier
messen. Ich finde den Umgang mit den Tieren wichtig. Jeder Tierhalter,
egal ob Haus- oder Nutztiere, muss sich seiner Verantwortung gegenüber „seinen" Tieren bewusst sein. Er muss dafür sorgen, dass sie satt
und gesund sind. Sie sollen aber auch „zufrieden" sein, damit meine
ich eine artgerechte und stressfreie Haltung sowie das Behandeln und
Pflegen kranker Tiere. Sie als eigenständige Lebewesen akzeptieren,
aber nicht „vermenschlichen". Ich wünsche mir für die Zukunft eine
bessere Wertschätzung von Lebensmitteln und faire Preise, um dadurch
auch die finanziellen Mittel zu haben, das Beste für unsere Kühe tun zu
können.

Dietmar Lober, Schweinehalter in Baden-Württemberg

Auch Schweine sind Gewohnheitstiere

Unser Hof liegt im Hohenlohischen und ist schon recht lange im Besitz unserer Familie. Es haben schon einige Generationen vor mir an unseren heutigen Existenzgrundlagen mitgearbeitet. Der kleine Weiler, zu dem der Hof gehört, ist eine Ansammlung von wenigen Häusern und Anwesen, so wenigen, dass die allermeisten in irgendeine Himmelsrichtung freies Feld und räumlichen Anschluss an das Umland haben. Es gibt alte Schwarz-Weiß-Bilder meiner Vorfahren aus den Anfangsjahren der Fotografie für Normalsterbliche, das waren komponierte Bilder von Menschen im Sonntagsstaat und mit vielem, worauf man stolz war. Auch mit den Tieren: Pferde, Kühe, Schweine, Hühner und was man sich sonst noch so alles in einem romantisch verklärten Bild von Bauernhof (und das meine ich nicht nur negativ) an Tieren vorstellt. Diese Mitgeschöpfe waren nicht nur Arbeit, sondern der Stolz vieler Generationen und auch deren Reichtum. Das Leben mit den Tieren war ebenso selbstverständlich wie notwendig.

Wir Kinder – ich habe einen zwei Jahre älteren Bruder und eine sieben Jahre jüngere Schwester – bekamen von Verwandten mal zwei Hasen. Mit Stallhasen können Kinder erste Erfahrungen machen, wie denn alles so funktioniert. Man muss sie füttern, ausmisten und streicheln. Auch wie und warum die kleinen Hasenkinder in die Welt kommen, war für uns Menschenkinder ein eindrückliches Erlebnis. Ganz am Anfang versorgten wir die Hasen sicher gern und viel, aber die Begeisterung für diese Vorläufer der Tamagotchis ließ ebenso schnell nach, sodass letztendlich die Arbeit an den Eltern oder an der Oma hängen blieb. Eine gewisse Zeit lief das so, doch dann wurden wir vor die Wahl gestellt: Entweder versorgen wir die Hasen oder sie kommen weg. Dass dieses

„Wegkommen" das Schlachten bedeutete, wäre für mich bis auf ein mir besonders ans Herz gewachsenes Exemplar kein zu großes Problem gewesen, aber trotzdem konnte ich mir nicht vorstellen, dass dann all die anderen lebendigen und genauso streichelfähigen Hasen nicht mehr da gewesen wären. Also habe ich als kleiner Hasenzüchter angefangen. Vater hat mit mir einen klassischen Hasenstall gebaut, ich hab später noch um drei etwas größere Gruppenbuchten „erweitert". So hatte ich zeitweise etwa 50 Hasen im Stall. Ein Onkel ist Metzgermeister, der hat sie geschlachtet und über seine Beziehungen weiterverkauft. Das war für mich ein regelrechter Verdienst: Nutztiere eben! Grünfutter, Heu, Futterrüben, Getreide, Stroh – alles das musste ich zwar herbeischaffen, aber gekostet hat es mich natürlich nichts. Die Hoppler auf der Wiese vor dem Stall im hohen Gras frei laufen zu lassen war allerdings auch immer wieder schön und interessant. Eine Zeit lang hatte ich fest vor, eine umzäunte Hasenweide zu verwirklichen, daraus wurde aber nichts, denn als die Schule mehr Zeit einforderte, war mein eigenes Kaninchenkapitel vorbei. Das meiner Kinder ist momentan in vollem Gange.

Heute bin ich Schweinebauer in Hohenlohe. Das ist nichts Ungewöhnliches oder war es zumindest lange Zeit nicht. Ich bin 46 Jahre alt und lebe mit meiner Frau, unseren beiden sieben und zehn Jahre alten Kindern und meinen Eltern auf dem Hof. Noch immer müssen Tiere versorgt werden – mindestens zweimal am Tag, ich kenne es nicht anders.

Als Jugendlicher habe ich mit diesem ständigen „Eingespanntsein" gehadert. Die Vorstellung, dass das Leben und Arbeiten auf diesem Hof sehr wahrscheinlich für immer und ewig mit Stallarbeit an sieben Tagen in der Woche verbunden sein würde, empfand ich in meiner Jugend als bedrückend, fast ein wenig ausweglos. Die meisten anderen in meiner Schulklasse kannten so was nicht. Nicht daran denken, diese Zusammenhänge einfach beiseiteschieben und nicht beachten, so kann man damit umgehen und so bin auch ich damit umgegangen. Gleichzeitig mit dieser lang andauernden Zwangssituation hat sich aber schleichend die Gewohnheit breit gemacht, die Verlässlichkeit und Sicherheit von klar strukturierten Tagen, an denen zumindest eines immer sicher war: feste Stallzeiten. Bei Milchvieh noch viel zwingender als bei Schweinen. Und Milchvieh hatten wir bis 1978, da war ich elf Jahre alt. Deshalb erinnere ich mich an Milchkühe, Kälber, Melkmaschinengeräusch und alles, was damit verbunden ist,

als zur Kindheit gehö-
rig. Alles war so, wie es
war, vieles war vielleicht
anstrengend und unver-
ständlich, aber es war
einfach so, ich war Kind
und hinterfragte es nicht.
Auch die damals lang-
sam aufkommende ge-
sellschaftliche Diskussi-
on über Tierhaltung und
Fleischkonsum bekam
ich noch nicht mit.

Wir hatten vierzehn Milchkühe plus Nachzucht, die in einem Anbindestall in zwei Reihen links und rechts vom Futtertisch gehalten wurden. Jeweils dahinter war noch Platz für die Kälber und ein paar Muttersauen mit Ferkeln. Und in der Luft über all diesen Tieren flogen in
der wärmeren Jahreszeit einige Schwalbenpaare mit ihrem Nachwuchs,
um die zahlreichen Fliegen etwas zu dezimieren – das war der für uns
nützliche Nebeneffekt, eigentlich wollten sie ja nur ihre Jungen groß-
ziehen und sich des Lebens erfreuen. Mich beeindruckte immer der
wunderbare Lärm, den zwei oder drei Dutzend Schwalben morgens im
Stall veranstalten können, wenn alle anderen dort erst so langsam auf-
wachen. Das war der Stall, der sich in der Scheune befindet. Heute ist
dieser Teil immer noch Stall, jedoch für die Schweine, aber wir bezeich-
nen ihn immer noch als „alten Viehstall" – und alle wissen, was damit
gemeint ist.

Bevor meine Eltern ein paar Jahre später die Rinderhaltung aufgaben, bauten sie an die Scheune einen weiteren Stall an, nur für
Muttersauen mit Ferkeln und allem, was damit zusammenhängt. Sie
versuchten, sich damit ein zweites Standbein in der Tierhaltung zu
schaffen; es ging darum, die wirtschaftlichen Grundlagen des Hofes
zu verbessern und zu erweitern. Viele hier in der Gegend investierten
in diese Richtung, wir waren nicht allein. An den Werbespruch einer
Futtermittelfirma aus der damaligen Zeit kann ich mich noch gut erinnern, er war allgegenwärtig: „Getreide nicht verkaufen – selbst ver-
werten!", und damit war nicht gemeint, ab sofort Brot zu backen. Nein
– Schweine sollten damit gefüttert werden, um sie dann mit dem ent-

sprechenden Mehrwert zu verkaufen. Die hierfür notwendigen Futterzusätze sollte man dann von solchen Futtermittelherstellern dazukaufen plus das im Schweinemagen verwertbare Eiweiß in Form von Sojaschrot aus Übersee.

Es ging um die Wirtschaftlichkeit unseres Hofes; um die geht es ja allen Bauern – bis heute. Also haben meine Eltern 1978 das Milchvieh abgeschafft und den in der Scheune befindlichen Viehstall umgebaut in einen Stall für ferkelführende Sauen und Absetzferkel. Angebaut wurde dann noch ein weiterer Stall für die Wartesauen. Die Entscheidung, die Milchviehhaltung aufzugeben, fiel meinen Eltern nicht leicht, besonders meinem Vater nicht. Viehhaltung bzw. der Umgang mit Kühen, das machte er gerne, das bereitete ihm Freude. Aber die Wirtschaftlichkeit stand im Mittelpunkt, Spezialisierung war das Lösungswort: entweder das eine oder das andere – sie entschieden sich für Schweine.

Nach den Umbaumaßnahmen konnten hier etwa 100 Muttersauen mit eigener Nachzucht gehalten werden, fast alle auf Stroh, die Ferkel wurden mit 30 kg Gewicht verkauft. Ende der 70er, Anfang der 80er Jahre war dies für hiesige Verhältnisse ein mittlerer bis größerer Schweinebestand. Die Zukunft schien gesichert. Fragte sich nur, für wie lange.

Bei dieser Bestandsgröße, dieser Haltungsform und in etwa auch dieser Arbeitsbelastung blieb es dann doch die letzten 35 Jahre. Und das lag zum größten Teil an mir: Einerseits habe ich die von Jahr zu Jahr schlechter werdende Substanz der Aufstallungen ständig repariert – Holz verrottet, Stahl rostet. Andererseits war ich mir sehr unsicher – und bin es immer noch –, ob immer mehr Tiere in immer größeren Beständen zu halten für mich erstrebenswert ist. Und so habe ich mir Zeit gelassen. Begonnen hat das „Sich-Zeit-Lassen" eigentlich schon mit meiner Zivildienstzeit, die ich als landwirtschaftlicher Betriebshelfer verbracht habe. So gut wie jeder Hof, auf dem ich damals eingesetzt wurde, hatte Tierhaltung. Oft waren es Schweinebestände, zu denen ich geschickt wurde – weil ich ja mit diesen Borstenviechern Erfahrung haben müsste –, aber es waren auch viele Milchvieh- und Gemischtbetriebe dabei. Erfahrungen mit Rindern habe ich erst damals gesammelt, da ich zu jung war, als zu Hause die Kühe abgeschafft wurden. Zugegeben bin ich auch kein ausgesprochener Tiernarr. Aber als Betriebshelfer musste ich dann einfach die Kühe melken und versorgen, oft war ja sonst niemand da.

Mich fasziniert seit damals an diesen im Vergleich zu Schweinen doch sehr großen und auch sehr alt werdenden Rindviechern die Kommunikation mit ihnen. Bei Lehrlingstreffen während meiner landwirtschaftlichen Ausbildung wurden wir darauf hingewiesen, doch mit den Milchkühen zu sprechen, ihnen gut zuzureden, verbale Kontaktaufnahme eben. Das würde beim täglichen Umgang mit diesen Tieren helfen. Mir kam das damals tatsächlich seltsam vor, ich musste mich dazu etwas überwinden. Zu Hause hatte ich eben fast nur mit Schweinen zu tun, und die haben einen ganz anderen Charakter. Auf so einem Lehrlingstreffen lernt man bestimmt viel, aber den Umgang mit den Kühen lernte ich eben doch erst beim Versorgen-und-Melken-Müssen der Tiere. Mir scheint, Kühe brauchen den Austausch mit ihrer menschlichen Umgebung viel mehr als Schweine. Sie fühlen sich wohl, wenn sie auf eine verlässliche, wiederkehrende Weise behandelt werden. Sie reagieren so, wenn man mit ihnen so redet, und sie reagieren anders, wenn man mit ihnen anders redet.

Meine Mutter erzählte früher des Öfteren leicht frustriert, dass während der arbeitsreichen Zeit auf dem Feld, wenn sie abends alleine melken musste, die Kühe erst dann ihre Milch richtig laufen ließen, wenn mein Vater wenigstens kurz mal in den Stall geschaut hat. Normalerweise hat ja er gemolken, das waren sie gewöhnt, und sie wollten, dass das auch so bleibt.

Das klingt jetzt vielleicht so, als ob ich dächte, dass man mit Schweinen nicht reden könnte, dass Kontakt mit ihnen nicht wichtig und nicht so möglich wäre. So einfach ist es jedoch nicht. Aber meine Beobachtung ist die, dass es den Schweinen relativ egal ist, was wir Menschen so treiben, wie es uns geht und was wir gerade von ihnen wollen. Die Sau hört sich das schon an, was ich zu sagen habe, sie denkt sich aber ihren eigenen Teil und versucht zu machen, was sie für richtig hält. Schweine sind sehr intelligent, können sich sehr viel merken, haben Erfindergeist und sind verspielt. Aber uns Menschen brauchen sie nicht wirklich – diesen Eindruck habe ich zumindest von ihnen. Dabei sind sie unserer Spezies sehr ähnlich, nicht nur anatomisch betrachtet. Nicht von ungefähr arbeiten Forscher daran, vom Schwein stammende „Ersatzteile" für uns Menschen zu verwenden. Ich denke, dass auch die Psyche gewisse Ähnlichkeiten aufweist. Ja, auch Schweine haben eine Psyche! Wir sind auf dem gleichen Planeten vom gleichen Schöpfer entworfen worden und die Ausgangsmaterialien sind auch die gleichen. Ein tierisches Sprichwort könnte lauten: „Auch Schweine sind Gewohnheitstiere." Außerdem sind Schweine genauso wie wir Allesfresser, also Nahrungskonkurrenten zu uns, bzw. wenn Schweine sich Menschen halten würden (und nicht nur dann), wären wir ihre Nahrungskonkurrenten. Und ich weiß nicht, ob sich dann auch nur einige wenige Schweine über artgerechte Menschenhaltung den Kopf zerbrechen würden.

Aber abgesehen von solchen Gedanken geht es auch um meine Entscheidung, was ich denn nun in Zukunft machen soll, ewig kann ich mir ja nicht Zeit lassen. Soll ich nun so wie die meisten andern auch, die weiterhin ihr Auskommen in der Landwirtschaft sehen, mit staatlicher Hilfe einen neuen großen Stall hinstellen? Eine moderne, zeitgemäße und zukunftsfähige Produktionseinheit, die mir das Arbeiten erleichtert und mir ermöglicht, mit meiner begrenzten Arbeitskraft deutlich mehr an Schwein auszustoßen? Mir ist bei alldem nicht wohl. Andere Bauern würden jetzt bestimmt sagen: „Wenn ihm nicht wohl dabei ist, dann soll er lieber die Finger davon lassen!" Das mag ja stimmen, trotzdem möchte auch ich mit meinen Zweifeln an der modernen Form der Landwirtschaft gerne mein Auskommen in der Landwirtschaft und am liebsten mit Tierhaltung finden, und Schweine wären mir dabei auf ihre Art sehr angenehm.

Aber: Die Borstenviecher sind Nutztiere, die gehalten werden, nur um irgendwann im Kochtopf zu landen. In diesem Satz steckt schon ein großer Teil des ganzen Dilemmas. Das drückt eine gewisse Geringschätzung gegenüber Nahrungsmitteln tierischen Ursprungs aus. Mir geht es genauso – auch ich habe gewisse Probleme, mich damit abzufinden, dass der Sinn und Zweck von tierischem Leben der sein soll, dem menschlichen Leben als Nahrung zu dienen, und zwar nur dazu. Einen anderen Sinn darf ich darin ja auch nicht sehen. Man kann doch nicht etwas „lieb haben" und es kurze Zeit später schlachten wollen. Aber in meinen Augen kommt es eben darauf an, wie man die Tiere vor dem Schlachten behandelt, wie man sie betrachtet, wie man mit ihnen umgeht. Und zwar nicht nur ich Bauer, sondern die ganze Gesellschaft. Was fordere ich meinen Tieren ab, wie begegne ich ihnen vorher?

In der landwirtschaftlichen Fachzeitschrift „top agrar" (ein wirklich „sprechender Name") der Ausgabe Juni 2013 wird ein Vorstoß der Landesregierung von NRW diskutiert, unter anderem in der Schweinehaltung ein „Verbot der Überforderung von Nutztieren" einzuführen. Die Diskussion ist kontrovers, aber interessant. Nahezu alle Landwirte

werden wieder einmal den Kopf schütteln über die ausufernde Regu-
lierungswut staatlicher Stellen – als wenn wir Bauern nicht am besten
wüssten, wann es unseren Tieren gut geht, und als ob man eine „Überforderung von Tieren" überhaupt definieren könnte. In meinen Ohren
klingt das aber so, als wenn eine Überforderung von Nutztieren per
Definition gar nicht entstehen kann, da ja nur Tiere, denen es gut geht,
höchste Leistungen bringen können. Gegen diese Aussage irgendetwas einzuwenden ist denn auch sehr schwierig oder ganz unmöglich,
aber diese Aussage rechtfertigt im Umkehrschluss ein immerwährendes
Drehen an der Leistungsschraube bei unseren Nutztieren! Denn alles,
was höhere Leistung bringt, kann ja nur realisiert werden, wenn es den
Tieren außerordentlich gut geht – so die Logik. Höchstleistung bedeutet also automatisch höchstes Wohlbefinden. Das Wohlbefinden gedop-
ter Hochleistungssportler müsste folglich genau dann extrem gut sein,
wenn die Leistung, die sie erbringen, extrem hoch ist. Wir – die Bauern – wissen am ehesten, wann es unseren Tieren gut geht, so wie wohl
die Betreuer, Trainer und Sportärzte unserer Hochleistungssportler am
ehesten wissen, wie es ihren Schützlingen geht. Außerdem: Wir Bauern
wollen uns nichts sagen lassen von Leuten, die nicht mal bereit wären,
365 Tage im Jahr für ihre Nutztiere da zu sein, so die trotzige, aber nicht
ganz unbegründete Reaktion.

Mich beschleicht hier das Gefühl, dass wir in unserer Betrachtung der Tiere absolut keinen Unterschied mehr zu irgendwelchen Maschinen machen. Höchstleistungsmotoren funktionieren auch nur dann zuverlässig, wenn es ihnen „außerordentlich gut geht", das heißt, wenn sie regelmäßig gewartet werden, optimaler Kraftstoff verwendet wird, nur die besten Schmierstoffe zum Einsatz kommen und professionell geschultes Personal mit ihnen arbeitet. Außerdem befassen sich ganze Heere von Wissenschaftlern und Ingenieuren damit, jede neue Generation von Motoren so zu konstruieren, dass sie noch stärker, schadstoffärmer, leiser und effizienter sind. So klingt in meinen Ohren auch moderne Tierproduktion, bestehend aus Haltung, Management, Fütterung und Züchtung. Und das alles immer mit dem Hinweis, dass es den Tieren früher in den dunklen, feuchten, schlecht belüfteten alten Ställen bestimmt nicht besser ergangen ist als in unseren modernen, hellen, hygienischen, sauberen, gut belüfteten und computergesteuerten neuen Ställen. Und das stimmt ja auch meistens! Aber dies ist alles eine sehr technische Sicht und zeugt von einem sehr mechanistischen Weltbild. Solch ein Weltverständnis ist aber in meinen Augen eine Grundvoraussetzung für den Wohlstandserfolg unserer modernen Industrie- und Dienstleistungsgesellschaften. Und wir Bauern sind Teil dieser Gesellschaftssysteme. Kritik daran rüttelt also an unserem Wohlstand und damit an allem, was uns wirklich heilig ist. Aber ein vor allem mechanistisches Weltbild kann das Lebendige nie vollständig erfassen.

Wir Menschen haben alle romantische Sehnsüchte nach überschaubarer, „heiler Welt". Unser Gefühl ist Teil unserer Existenz. Jeder halbwegs leistungsorientierte, technikbegeisterte, moderne Mensch wird dies nicht grundsätzlich bezweifeln, aber während seiner kostbaren optimierten Arbeitszeit jede Erinnerung daran zu verbannen suchen. Da aber auch wir heutigen Menschen es noch lange nicht geschafft haben, uns wirklich grundsätzlich zu ändern, wird das Gefühl, werden die romantischen Sehnsüchte sich ihr Ventil suchen. Nur eben nach Feierabend, in der sogenannten Freizeit, dann, wenn es um das Leben geht. Und wir Bauern produzieren ja einige Mittel zum Leben: die Lebensmittel.

80 Millionen Bundesbürger essen, was wir produzieren. Sie verleiben sich das ein, was wir genauso „Produkte" nennen wie all die anderen materiellen und immateriellen Dinge unserer Warenwelt, sie machen es zu einem Teil ihres Körpers. Wir nutzen alle nur denkbaren technischen

Möglichkeiten, um die Effizienz der Nahrungsmittelproduktion zu steigern. Die Verbraucher gehen mit dem Vorgang des Essens eine intime Beziehung ein zu dem, was wir Bauern qualitätsbewusst, kostenoptimiert und in großen Mengen produzieren. Da ist es nur verständlich, dass Verbraucher umso empfindlicher und panischer auf Störungen („Lebensmittelskandale") in diesem System reagieren, je weiter sie von unserem Arbeitsalltag entfernt sind. Und mit jedem aufgegebenen Bauernhof wird dieser Abstand größer. Strukturwandel heißt also weniger Bauernfamilien und damit auch immer weniger Kinder, die auf einem Hof aufwachsen, und damit sinkt auch die Zahl derer, die in Zukunft noch eine Erinnerung haben können an ein Leben mit Nutztieren. Ich schreibe bewusst Nutztiere, denn wenn dieser vorher genannte Abstand groß genug ist, dann kommt man sich irgendwann schlecht vor, wenn man Tiere auch als Nutztiere bezeichnet. Tiere kommen dann nämlich nur noch im Tierfilm, als Freizeitpferd oder Streichelschildkröte vor. Immer streng außerhalb der Arbeitszeit, nur in der Freizeit. Fleischverzehr hat dann logischerweise mehr mit Mord zu tun, denn wer will schon sein Reitpferd oder seine Streichelkatze umbringen und aufessen.

Jemand hat mal gesagt: „Schlachten ohne kulturelle Einbindung ist einfach nur Mord." Es wird von uns entfremdeten zivilisierten Menschen als mörderisch empfunden, obwohl wir Allesfresser sind. Damit will ich aber nicht sagen, dass vegetarische oder vegane Ernährung gegen die menschliche Natur wäre. Die menschliche Natur ist so vielgestaltig und extrem anpassungsfähig, dass wir Menschen ohne Fleischverzehr leben können. Was machen wir jedoch, wenn wir nur Pflanzen aufessen? Auch dabei zerstören wir Leben. Es gibt eben nicht nur nachwachsenden Schnittsalat, sondern auch Kopfsalat, der komplett gefressen wird, und das war's dann.

Wir westlich demokratisch wohlhabenden Menschen sind es gewohnt, „ICH" zu sagen, jeder Einzelne von uns ist wichtig, also das Individuum. Dass ich diesen Text hier schreibe, ist allein schon ein Beweis dafür. In der lebendigen Welt um uns Menschen herum ist dies bei Weitem nicht so. Alles (pflanzliche und tierische) Leben befindet sich in einem großen Kreislauf und versucht als Erstes, seine jeweilige Art zu erhalten und zu vermehren, in vollkommener Unschuld und zum Lob Gottes. Es ist nicht so wichtig, ob ein Individuum dabei umkommt oder nicht. Trotzdem leidet das Einzelne (Tier), wenn es stirbt. Und unser menschliches Schicksal ist es mitzuleiden, Mitleid zu haben. Und es liegt nur an uns

Menschen, dass wir mit dem uns ähnlichen Lebendigen mit zwei Augen im Kopf mehr Mitleid empfinden als mit namenlosen Kleinstlebewesen oder gar Pflanzen.

Wie kann ich mit diesem ganzen Ballast im Hinterkopf noch weiterhin tierhaltender Bauer sein? Wie schon gesagt, Profis würden antworten: „Wer Bedenken hat, soll's lieber bleiben lassen!" Dem halte ich entgegen: „Wer keine Bedenken hat, der sollte lieber keine Tiere halten, denn ich finde es bedenklich, beim täglichen Tun bedenkenlos zu sein." Das Halten von Tieren werden wir Bauern wohl nie ganz richtig machen können. Die Tiere um uns herum sind zwar domestiziert, also zu Haustieren gemacht, aber ihr natürliches Verhalten, ihre natürlichen Bedürfnisse sind im Eingesperrt-Sein, also in einer Haltung, nie ganz zu verwirklichen. Deswegen war das Halten von Tieren immer schon ein Kompromiss, nur zwischen zwei ungleichen Verhandlungspartnern.

Mir kommt es also darauf an, die wahrscheinlichen Bedürfnisse meiner Borstenviecher nicht aus dem Blick zu verlieren. Dies scheint mir in den Tierhaltungsrichtlinien der Bio-Anbauverbände am ehesten der Fall zu sein. Die sind zwar auch nicht ideal für die Tiere, nur ist der Kompromiss, den sie abbilden, sicher näher an den „Vorstellungen" der Nutztiere dran. Momentan bin ich also am Umbauen meiner Ställe nach Öko-Richtlinien. Ich bilde mir nicht ein, dass dies der einzig richtige Weg ist, aber hoffentlich der am wenigsten falsche.

Dagmar Feldmann, Antonius und Peter Tillmann,
Rinder- und Schweinehalter in Nordrhein-Westfalen

Ein Tier besteht nicht nur aus Schnitzeln und Bratenfleisch

Wir sind eine Bauernfamilie aus Ostwestfalen: Vater Antonius (50), Mutter Dagmar (50), Tochter Maria (20) und die Söhne Peter (19) und Markus (15).

Unser Hof, die Berghof GbR, wird derzeit von Antonius und Dagmar als Geschäftspartnern bewirtschaftet. Dagmar ist mit einer halben Stelle in der Erwachsenenbildung beschäftigt. Sohn Peter ist im dritten Lehrjahr Landwirtschaft auf einem Sauenbetrieb mit angeschlossener Mastschweinehaltung, arbeitet aber in seiner Freizeit auf dem elterlichen Hof mit.

Der Hof umfasst neben den Ackerflächen und Weiden einen Boxenlaufstall für etwa 60 Milchkühe und Raum für einen Teil der weiblichen Nachzucht (Kälber und Rinder). Außerdem gibt es einen modernen Mastschweinestall für etwa 900 Mastschweine sowie Altgebäude, wo bis zu 300 weitere Schweine gehalten werden können. Die Kühe werden zweimal am Tag in einem Doppel-Sechser-Fischgrätenmelkstand gemolken.

Die Schweine werden über eine sensorgesteuerte Flüssigfütterung gefüttert und täglich einmal eingehend kontrolliert. Das Futter stammt bei den Schweinen zu über 50 Prozent aus eigener Produktion. Es wird Getreide von anderen Landwirten dazugekauft und durch Mineral- und Eiweißfutter ergänzt.

Die Kühe werden mit einer Teil-TMR gefüttert, deren Bestandteile zu etwa 90 Prozent aus eigener Produktion stammen (Gras, Mais, Stroh). Zusätzlich werden von der nahegelegenen Zuckerfabrik Zuckerrübenschnitzel mit eingemischt, ebenso Mineral- und Eiweißfutter.

Morgens um 6 Uhr melken Dagmar und Antonius die Kühe. Die Kälber werden von Antonius versorgt, ebenso die Kühe gefüttert. Er ist für fast alle weiteren Arbeiten auf dem Hof zuständig (Futter mischen, Futterrationen zusammenstellen, Güllerühren, Misten, Streuen, Betriebsmitteleinkäufe, Kontrolle, Schweineverkäufe, Ferkelholen, Feldarbeiten etc.). Am Nachmittag hilft ein Mitarbeiter, der 25 Stunden pro Woche auf dem Betrieb arbeitet, bei der Stallarbeit.

Die Schweine stehen auf Vollspaltenboden, die Kühe haben im Boxenlaufstall eingestreute Liegeboxen und können sich auf den Laufflächen frei bewegen. Die Kälber und die Rinder werden auf Stroh gehalten.

Die Ferkel werden bei einem Sauenhalter in Warburg (12 km) erworben und mit dem eigenen Trecker und Wagen dort abgeholt.

Peter: Ich bin auf diesem Hof geboren und wollte schon früh Bauer werden wie mein Großvater und wie mein Vater. Die beiden haben mich schon als kleines Kind mit in den Stall genommen und ich habe immer versucht, die Arbeiten genauso zu machen wie sie. Mein erstes richtiges Erlebnis mit einer Kuh war Nr. 20, „Erbse". Sie war bräunlich und somit etwas Besonderes in unserer eher schwarzbunt-geprägten Herde. Diese Kuh wurde geschlachtet, was ich damals gar nicht verstehen konnte. Ein Wagen von der Westfleisch kam und holte sie ab. Ich weiß nicht mehr genau, warum sie geschlachtet wurde. Vielleicht war sie nicht tragend geworden oder hatte schlechte Füße. Es tat mir leid und ich hätte sie am liebsten behalten. Aber heute ist mir klar: Wir halten unsere Tiere nicht nur zum Vergnügen, sondern verdienen damit unseren Lebensunterhalt. Trotzdem finde ich es immer noch traurig, wenn wir Kälber oder Kühe verkaufen.

Später habe ich ein Rind immer viel gestreichelt und es wurde so zahm, dass es auf Zuruf weit von der Weide zu mir kam. Ich habe dieses Rind „Mulli-Mulli" genannt. Ein Rind bekommt bei uns einen Namen, wenn es das erste Kalb geboren hat. Damit wird es zur Kuh. Der Name muss den gleichen Anfangsbuchstaben haben wie der Name der Mutter. Die Mutter von „Mulli-Mulli" fing mit „E" an. Der Name darf maximal sieben Buchstaben haben und so habe ich das Rind einfach „Emulli" genannt, als es zur Kuh wurde. Wir haben sogar ein Foto vor einem Hoftag gemacht, wo „Emulli" ganz brav im Kreise unserer Familie für die Presse „lächelte". So eine liebe, vertraute Kuh haben wir seitdem nicht wieder gehabt. Durch Emulli habe ich gelernt, wie wichtig es ist, mit den Tieren zu reden. Ich bin überzeugt, dass sie mich verstehen.

Wenn die Kälber noch sehr klein sind, enthornen wir sie. Das dient dazu, dass die Hornanlagen, die beim Kalb nur als kleiner fester Punkt am Kopf zu tasten sind, nicht anfangen zu wachsen. Es wird also kein Kuhhorn weggemacht, sondern verhindert, dass dieses wächst. Dafür gibt es zwei Gründe: Wenn die Kühe in der Herde Hörner haben und ihre Rangordnung erkämpfen, können sie sich schwer mit den Hörnern verletzen. Auch für den Menschen sind die Hörner eine Gefahr. Selbst wenn die Kuh nur spielen möchte, kann ein Stoß mit dem Horn für den Menschen lebensgefährlich werden.

Für unsere Familie schlachten wir jedes Jahr ein Schwein. Das wird beim Metzger gemacht und anschließend frieren wir das Fleisch zu Hause ein. Somit haben wir das ganze Jahr über Wurst und Fleisch vom eigenen Tier. Schon als Kind hat mich mein Vater mit zum Metzger genommen. Dort sah ich zum ersten Mal, wie ein Schwein geschlachtet wird. Somit war mir immer bewusst, wofür die Schweine gehalten werden und woher unsere Nahrung stammt.

Wenn wir heute Schweine verladen, helfe ich oft mit. Der Viehtransporter kommt meistens schon um 5 Uhr morgens. Auf einen Lkw mit Anhänger passen bis zu 180 Schweine. Sie sind auf drei Etagen untergebracht, die Böden lassen sich rauf- und runterfahren, sodass die Schweine, die zuerst verladen werden, wie in einem Aufzug nach oben gefahren werden. In dem Lkw gibt es eine spezielle Lüftung und der Platz pro Tier ist gesetzlich vorgeschrieben. Dadurch kann man kein einziges Schwein mehr verladen. Wenn z.B. noch Platz für 90 Schweine ist und wir haben 95, die schwer genug zum Verkauf sind, bleiben fünf auf dem Hof zurück. Als ich noch mit dem Schulbus zur Schule fuhr, habe ich oft gedacht, dass man mit Kindern erheblich weniger sorgsam umgeht. Wir mussten uns alle in den Bus quetschen. Dabei fuhren wir täglich mit dem Bus, die Schweine fahren nur zweimal im Leben: einmal, wenn wir sie vom Ferkelerzeuger holen, und einmal, wenn sie zum Schlachthof fahren! Ich finde es gut, dass es so strenge Vorschriften gibt, denn so geht es den Tieren während der Fahrt gut und der Stress wird minimiert. Ich frage mich allerdings, warum man bei Kindern darauf keine Rücksicht nimmt.

Im Allgemeinen gehen wir sehr sorgfältig und achtsam mit unseren Tieren um. Aber wenn man z.B. einer Kuh die Klauen schneiden muss, weil sie sonst Probleme beim Laufen bekommen würde, und sie will absolut nicht in den Klauenpflegestand, dann muss man sie auch etwas härter dazu zwingen. Das tut mir schon leid, aber wenn man die Klauen nicht schneidet, würde das Tier später erhebliche Schmerzen bekommen.

Zu den Kühen kann man eine intensivere Beziehung entwickeln, denn sie werden auf unserem Hof geboren, man erlebt sie als Kalb und melkt sie viele Jahre täglich zweimal. Die Schweine bleiben nur etwa vier Monate bei uns, bevor sie geschlachtet werden. Aber zwei verschiedene Tierarten zu halten, bringt auch Abwechslung, und alle Tiere haben gewisse Besonderheiten in der Haltung, Fütterung etc. Wären wir ein spezialisierter Kuh- oder Schweinebetrieb, würde ich mich mit der anderen Tierart gar nicht auskennen. Somit interessieren mich viel mehr Fragen rund um die Tierhaltung und ich finde in den landwirtschaftlichen Fachzeitschriften immer interessante Artikel, sei es über Schweine oder über Rinder. Auch wenn Tiere an 365 Tagen im Jahr versorgt werden müssen, bedeuten sie doch für mich auch Glück. Wenn alle Tiere im Stall gesund und zufrieden sind, erfüllt mich das mit Stolz.

Antonius: Ich bin auf diesem Hof aufgewachsen und als erster und einziger Sohn stand schon früh fest, dass ich den Hof übernehmen werde. Für mich war das in meiner Kindheit und Jugend auch immer selbstverständlich. Ich habe das bis heute auch nicht bereut. Schon seit meiner frühesten Kindheit bin ich an den Umgang mit Tieren gewöhnt. Natürlich musste ich auch schon sehr früh Arbeiten übernehmen. Das fing damit an, dass die Rinder mit dem Wasserschlauch getränkt wurden, da Selbsttränken zu teuer schienen. Später kamen dann Einstreuen, Ausmisten und Melken hinzu. Unser Hof war früher stark auf Handarbeit ausgerichtet. Durch die schwere körperliche Arbeit fehlte oft die Muße für einen ruhigen Umgang mit den Tieren. Wir hatten damals 30 Milchkühe in Anbindung und 40 Stück Jungvieh. Ebenso hielten wir 70 Schweine auf Stroh, in der sogenannten dänischen Aufstallung. Dabei waren die Buchten so aufgeteilt, dass vorne ein Liege- und Fressbereich war und dahinter ein spezieller Kotgang. Ärgerlich war es immer, wenn sich nicht alle Schweine an die Raumaufteilung gehalten haben und in den Liege- und Fressbereich gekotet haben. Das war dann eine große Sauerei! Die Schweine wurden mittwochs und samstags, die Kühe täglich gemistet. Dies alles waren anstrengende, unbeliebte Arbeiten. Die Kühe standen den ganzen Winter über angebunden im Stall. Sie hatten nur wenig Bewegungsmöglichkeit: einen Schritt vor, einen Schritt zurück. Zum Melken mussten wir uns immer unter die Kuh beugen. Wenn Kühe beim Melken nervös waren und vielleicht etwas traten, kam schnell Stress auf, denn die Möglichkeit zurückzuweichen ist in der Hocke nicht so einfach. Mein unangenehmstes Melkerlebnis war der Tritt einer Kuh vor meine Nase, die dann lange Zeit geschwollen war. Auch beim Misten konnten die Kühe schon mal austreten und man konnte dadurch verletzt werden. Es war viel Handarbeit am Tier notwendig, und das hat die Tiere mit Sicherheit auch gestört. Die Ställe waren nicht vernünftig belüftet, niedrig und feucht. Heute wissen wir, dass Kühe viel frische Luft brauchen und eher Frost als Hitze vertragen können.

Früher wurde das Schwein für den Eigenverbrauch zu Hause geschlachtet. Dazu kam ein Hausmetzger zu uns. Das Schwein wurde dann in die Futterküche geholt und, wenn möglich, sofort mit dem Bolzenschussapparat betäubt. Dies gelang jedoch nicht immer. Wenn es dem Hausmetzger dann zu bunt wurde, nahm er die flache Seite der Axt und schlug dem Schwein damit auf die Stirn, sodass es schon leicht betäubt war und mit dem Bolzenschuss der Rest erledigt werden konnte. Heutzutage macht man sich erheblich mehr Gedanken über Tierschutz und Tierwohl, sowohl bei der Tierhaltung als auch bei der Schlachtung. Vom Schwein wurde früher nur wenig weggeworfen. Meine Aufgabe war es, die Reste auf die Miste zu bringen. Das waren die Haare, die Ohrmuscheln, die Augen, das Horn von den Pfötchen und der Darminhalt. Alles andere wurde verwertet. Geschmacklich war das für uns Kinder nicht immer toll. Aber wenn ich sehe, was heute vom Schlachtkörper verworfen wird, denke ich, dass wir damit sehr sorglos umgehen, weil wir im Überfluss leben.

Als ich im Jahr 1985 mit meiner Ausbildung fertig war, war mir klar, dass der Betrieb arbeitswirtschaftlich verbessert werden muss. Bei der Tierhaltung hieß das: Die Haltung auf Stroh war zu arbeitsaufwendig und sollte daher vereinfacht werden. Bei den Kühen haben wir daher die Anbindehaltung aufgegeben und einen Boxenlaufstall in der ehemaligen Scheune gebaut. Dies gibt den Tieren erheblich mehr Bewegungsfreiheit, was ihrer Gesundheit zugutekommt. Jede Kuh hat ihre Liegebox und die Vorteile der Strohhaltung werden auf geniale Weise mit der Gülletechnik kombiniert. Man braucht nur einmal pro Woche die Boxen neu einzustreuen, und Kot und Urin fallen durch die Spalten des Bodens in die Güllegrube. Beim Melken kommen die Tiere in den Melkstand, der Melker braucht sich nicht mehr zu bücken und ist wesentlich weniger Gefahren durch Tritte der Tiere ausgesetzt. Wenn man entspannt melken und andere Arbeiten verrichten kann, geht man wesentlich stressfreier und liebevoller mit den Tieren um. Die Atmosphäre im Stall verbessert sich.

1991 haben wir den ehemaligen Schweine- und Kuhstall ebenfalls auf Spaltenboden umgebaut. Nun waren die Schweine in einem gut belüfteten und immer sauberen Stall. Häufig haben mich Besucher gefragt, wie oft wir unsere Schweine waschen würden, denn sie sähen so sauber aus! Das ist aber nicht nötig, denn die Schweine suchen sich einen Platz in der Bucht aus, der als Klo dient. Der Rest bleibt sauber. Leider kann dieser Platz öfter mal wechseln. Darum muss der gesamte Boden perforiert sein. Wir konnten nun ca. 300 Mastschweine halten, d.h., etwa 750 Schweine pro Jahr verkaufen. Leider ist es so, dass die Erlöse pro Schwein und pro Liter Milch nicht steigen. Die Produktions- und die Lebenshaltungskosten steigen allerdings ständig. Das zwingt uns dazu, unsere Produktion auszudehnen. Aus diesem Grund haben wir 2003 einen weiteren Schweinestall mit 900 Plätzen gebaut. Heute habe ich im Schweinestall vornehmlich eine Kontrollfunktion. Kurz gesagt, es ist mehr Gehirn- als Muskelkraft gefragt. Ich mache jeden Morgen einen ausführlichen Kontrollgang durch die Ställe. Dabei schaue ich mir in Ruhe die Schweine an und kontrolliere den Kot der Tiere, um festzustellen, ob die Verdauung in Ordnung ist. Ich prüfe die Luft in den Ställen auf Temperatur und Geruch. An unserem Fütterungscomputer kann ich sehr genau nachvollziehen, ob die Tiere angemessen fressen. Ich habe zu dem einzelnen Schwein natürlich nicht so eine Beziehung wie zu der einzelnen Kuh. Aber nur eine Liebe zu den Tieren, auch zu dem ganzen Tierbestand, führt dazu, dass die Tiere sich wohlfühlen und letztendlich auch dazu beitragen, unseren Lebensunterhalt zu erwirtschaften. Meine Mutter hat mir oft den folgenden Spruch gesagt: „Quäle nie ein Tier zum Scherz, denn es fühlt wie du den Schmerz!" Dies hat meinen Umgang mit Tieren sehr geprägt. Natürlich kann man ein Tier nicht in Watte packen und ein Nutztier ist kein Schoßhündchen. Tiere sollte man nicht vermenschlichen, das ist nicht tiergerecht. Aber Achtung und Respekt sind gegenüber Nutztieren ein absolutes Muss. Für mich ist es daher inakzeptabel, Fleisch wegzuwerfen bzw. wenn unsere hochwertigen Produkte als Ramschware gehandelt werden. Es ist für mich eine tiefe Befriedigung, durch unsere Ställe zu gehen und den gesunden Tieren in die Augen zu sehen.

Unsere Schweine vermarkten wir über eine Erzeugergemeinschaft. Dies ist ein Zusammenschluss von ungefähr 60 Schweinehaltern aus den umliegenden Landkreisen. Weil wir unsere Schweine gemeinschaftlich vermarkten und dies alles über einen Viehhändler abwickeln, können wir sicherstellen, dass Transport und Vermarktung gut durchorganisiert sind. Das bewirkt, dass die Transportzeiten der Tiere auf ein Minimum beschränkt werden. Unsere eigenen Schweine sind nur eine halbe Stunde bis zum Schlachthof unterwegs. Da der Viehhändler und auch seine Fahrer alle Betriebe und die Gegebenheiten vor Ort kennen, können die Touren optimal geplant werden. Außerdem haben wir uns in unserer Erzeugergemeinschaft schon sehr früh Gedanken über Qualitätsmanagement gemacht. In einem überschaubaren Kreis lassen sich so Verbesserungen in der Haltung und Fütterung der Tiere leichter durchsetzen. Durch intensiven Erfahrungsaustausch bemühen wir uns, Krankheiten in den Ställen erst gar nicht entstehen zu lassen, um so den Einsatz von Arzneimitteln so gering wie möglich zu halten.

Obwohl wir sehr häufig Besucher und Besuchergruppen auf unserem Hof begrüßen und durch die Ställe führen, wünsche ich mir noch mehr, in den Dialog mit den Verbraucherinnen und Verbrauchern zu treten. Es kursieren viele Halbwahrheiten und manchmal auch Lügen und Diffamierungen über moderne Tierhaltung. Nur wenige begreifen, dass „die gute alte Zeit" oft weder für die Tiere noch für die Menschen gut war. In den vergangenen Jahrzehnten haben wir mit immer weniger Arbeitskräften immer mehr Menschen mit preiswerter Nahrung versorgt. Landwirtschaft ist ein Teil unserer modernen arbeitsteiligen Gesellschaft. Diese Arbeitsteilung hat unserem Land einen nie gekannten Wohlstand gebracht. Auch wir Bauern fordern einen Teil dieses Wohlstandes, denn wir tragen mit unserer Arbeit dazu bei, dass Lebensmittel heute so günstig sind wie nie zuvor.

Dagmar: Ich stamme aus einem Dorf im Sauerland. Wir hatten keine Nutztiere, aber ich durfte als Kind Meerschweinchen und Wellensittiche halten. Bei einem Spaziergang mit meinem Vater waren einmal Rinder auf einem Weg. Ich hatte ziemliche Angst, aber mein Vater hatte in seiner Kindheit und Jugend Kühe gehütet und wusste gut, wie er diese wieder auf die Weide treiben konnte. Später während meines Agrarstudiums war ich ein Jahr als Praktikantin auf einem Milchviehbetrieb. An einem meiner ersten Arbeitstage hatte sich eine Kuh an einem herumstehenden Gerät schwer verletzt und wäre beinahe verblutet. Sie tat mir so leid und ich war sehr froh, dass die Bäuerin die Bauchschlagader zuhielt, bis endlich der Tierarzt eintraf. Ich hätte das damals nicht gekonnt.

Während des Studiums habe ich eine Zeitlang vegetarisch gelebt. Ich konnte mit der Fachrichtung Tier-„Produktion" nichts anfangen und finde den Ausdruck auch weiterhin zu sehr technisch-ökonomisch geprägt.

Auf dem Hof meines Mannes habe ich lange Zeit kaum mitgearbeitet. Ich hatte eine außerlandwirtschaftliche Tätigkeit und unsere drei Kinder und der Haushalt mussten versorgt werden. Seit 2004 habe ich angefangen, zu melken und einige weitere Tätigkeiten auf dem Hof zu machen. Wir hatten den Betrieb in eine GbR (Gesellschaft bürgerlichen Rechts) umgewandelt und ich war Geschäftspartnerin meines Mannes geworden. Drei Jahre später habe ich meine außerhäusliche Arbeit stark reduziert und seit dem Tod meines Schwiegervaters melke ich regelmäßig und kümmere mich um diverse Büroarbeiten: So muss z.B. jedes neu geborene Kalb in einer zentralen Datenbank angemeldet werden. Tiere, die wir zu- oder verkaufen, müssen ebenfalls dort gemeldet werden. Der Umgang mit den Kühen gefällt mir sehr. Es hat etwas Meditatives, immer die gleichen Dinge zu tun: anmelken, Euter sauber machen, Melkzeug anhängen, dippen, Kühe aus dem Melkstand treiben und andere Kühe hereinholen. Ich spreche gerne mit den Tieren und schaue sie an. Natürlich ist es oft auch anstrengend, vor der Arbeit rechtzeitig aufzustehen, in den Stall zu gehen und in Windeseile zu duschen und zu frühstücken. Aber man hat schon etwas Sichtbares geschafft. Wenn man am Computer arbeitet oder Papier von rechts nach links stapelt, ist das eine unsichtbarere Arbeit.

Einmal war ich dabei, als eine Kuh starb. Es floss ihr eine Träne aus dem Auge und dann war sie tot. Das war ein sehr bewegendes Erlebnis. Wenn ein Tier krank ist, tut mir das sehr leid. Ich habe Mitgefühl mit den Tieren und merke oft, dass man auch bei Kühen mit Zureden und Ruhe etwas erreichen kann. Manchmal muss man allerdings auch hart durchgreifen

oder lauter werden. Gut, dass die Kühe nicht wissen, wie stark sie sind. Sonst würden sie sich wohl nicht so leicht von mir in Bewegung setzen lassen! Wenn ein Kalb geboren wird, ist das ein erhebendes Gefühl. Faszinierend, wie schnell die Kuh sich von der Geburt erholt und ihr Kälbchen ableckt. Auch das Kalb steht in der Regel nach kurzer Zeit schon auf seinen Beinen, wenn auch erst etwas wacklig. Normalerweise versorgt mein Mann die Kälber, aber beim ersten Füttern nach der Geburt gebe ich dem Kalb oft die Flasche. Einmal hat eine Kuh auf der Weide gekalbt und ich war als Einzige auf dem Hof. Ich habe das Kalb in eine Schubkarre gehoben und nach Hause in den Stall gefahren. Wider Erwarten kam die Kuh nicht hinter mir und ihrem Kalb hergelaufen. So musste ich sie extra holen und habe schon fieberhaft überlegt, wie ich von ihr die zwei Liter Milch melken kann, die für das Kalb so wichtig sind. Diese Biestmilch enthält nämlich viele Vitamine und Abwehrstoffe und das Kalb sollte sie möglichst bald nach der Geburt bekommen. Mein Mann oder unser Sohn binden die Kuh dann mit einem Strick fest und die ersten Liter werden per Hand gemolken. Ich wusste, dass ich die Kuh nicht alleine anbinden kann. Aber sie war längere Zeit auf der Weide gewesen und als sie in den Stall kam, entdeckte sie unsere Kuhbürste. Das ist eine große rotierende Bürste, die die Kühe gerne nutzen, weil sie so an Stellen gebürstet werden, wo sie sich nicht selber lecken können. Die Kuh lief auf die Bürste zu und genoss es, den Staub und möglicherweise Ungeziefer aus dem Fell gebürstet zu bekommen. So stand sie lange genug still und ich konnte die Biestmilch schnell melken und das Kalb damit füttern.

Kühe sind Charaktertiere. Sie haben spezielle Gewohnheiten. So gibt es einige Kühe, die immer als Erste im Melkstand sind, und andere, die immer zu den Letzten gehören. Auch wenn sie im Sommer auf der Weide sind, stehen manche nachmittags schon wartend am Gatter und andere liegen seelenruhig im letzten Winkel der Weide und bewegen sich erst Richtung Stall, wenn man direkt vor ihnen steht. Manchmal stehen mehrere Tiere vor dem Eingang zum Melkstand, aber keine bewegt sich. Erst wenn man die Erste hineingetrieben hat, folgen die anderen problemlos. „Eine muss den Anfang machen", diesen Satz habe ich für viele andere Aktivitäten (auch und gerade von Menschen!) verinnerlicht. Sobald man die Herde in Bewegung hat, braucht man kaum noch etwas zu tun.

Unsere Kühe werden künstlich besamt. Zu jeder Kuh habe ich eine Karteikarte angefertigt, sodass man sofort sehen kann, wann sie gekalbt hat, ob es bei der Kalbung Probleme gab und wann bzw. wie oft sie besamt wurde. Man kann ausrechnen, wann voraussichtlich die nächste Geburt ansteht. Aber der Geburtstermin kann sich natürlich um ein paar Tage nach vorne oder hinten verschieben, sodass man nicht allzu genau planen kann. Unsere Kühe kalben fast immer alleine, aber wenn eine Kuh wirklich Hilfe braucht, muss man da sein, egal ob man sich schon umgezogen hat, um den Abend außer Haus zu verbringen, oder ob man gerade am Mittagstisch sitzt.

Zweimal hatten wir auch einen Bullen in der Herde laufen, der die Kühe decken sollte. Ich hatte immer große Angst, obwohl unsere Bullen wirklich „lieb" waren. Aber ich habe schon öfter gehört und gelesen, dass ein „lieber" Bulle auf einmal angriffslustig wurde und sogar Menschen getötet hat. Mein Mann wurde mit 23 Jahren einmal von einem Bullen mit dem Kopf an die Wand gedrückt. Zum Glück hatte dieser Bulle auch schon damals keine Hörner, sonst könnten wir diese Geschichte möglicherweise nicht schreiben. Bei der künstlichen Besamung kommt der Tierarzt oder ein Besamungstechniker und bringt das Sperma in die Gebärmutter der Kuh ein. So weiß man zum einen den genauen Besamungstermin (den Bullen kann man ja nicht 24 Stunden am Tag beobachten!), und man kann die Eigenschaften des Kalbes durch die Zuchtwertbeschreibung des spermagebenden Bullen besser beeinflussen. Somit können wir gezielter auf Langlebigkeit und Gesundheit der Tiere züchten, als dies mit einem einzigen Deckbullen möglich wäre. Im Bullenkatalog kann man unter einer Vielzahl von geprüften Bullen auswählen, d.h., die Nachkommen der angebotenen Bullen sind schon auf Zuchteignung geprüft. Ein eigener Deckbulle kann dagegen ein bis zwei Jahre Nachkommen erzeugen, die dann nicht die gewünschten Eigenschaften haben. Deshalb haben wir uns für künstliche Besamung entschieden.

Wir essen fast nur Fleisch von unseren eigenen Tieren. Auf diese Weise brauche ich nur abends an die Truhe zu gehen und dort „einzukaufen". Allerdings ist das Kochen damit auch aufwendiger. Wenn am Ende die Knochen und die weniger schönen Teilstücke übrig sind, lässt der Appetit auch schon mal nach. Aber ein Tier besteht nun mal nicht nur aus Schnitzeln und Bratenfleisch! Viele Kenntnisse in der Nahrungsmittelerzeugung und -verarbeitung sind verloren gegangen, weil man sie im Alltag einfach nicht benötigt. Ich freue mich, dass wir die Milch unserer eigenen Kühe trinken können. Daraus koche ich Pudding, gewinne Sahne und manchmal mache ich auch Käse daraus. Die Nahrung hat dadurch einen ganz anderen Wert und ich bin stolz darauf, wie viel wir selber herstellen. Gerne würde ich noch mehr selber machen, aber dann müsste ich meine außerlandwirtschaftliche Tätigkeit aufgeben. Durch die unterschiedlichen Arbeiten bin ich in verschiedenen Milieus und kann manchmal auch „Dolmetscherin" für die Bereiche sein, die in unserer Gesellschaft so weit auseinandergedriftet sind.

Leben auf dem Lande, Leben mit Tieren hat seinen Preis, aber ich kann mir nicht vorstellen, in einer Stadt (womöglich in einem Hochhaus) zu leben und mich von abgepacktem Fertigessen zu ernähren. Für unsere Kinder war das Aufwachsen auf dem Hof eine Bereicherung und hat ihnen viele Erfahrungen ermöglicht, die man in einer Kleinfamilie in einer Mietwohnung so nicht machen kann.

Petra Döhler, Geschäftsführer der ALWI agrar GmbH & Co. KG mit Milchkühen in Mecklenburg-Vorpommern

Pfingsten auf Usedom

Seit Langem mal wieder ein freies Wochenende. Mein Mann und ich rekeln uns im großen Bett des Hotels. Pfingsten auf Usedom – das hatten wir uns so gewünscht. Gleich nach dem Aufstehen würden wir an den Strand gehen, den kühlen Sand an den nackten Füßen spüren und uns auf das Frühstück im Hotelgarten freuen.

Handygeklingel! Wer von uns beiden hat vergessen, den Ton auf lautlos zu stellen? Schon die Frage erübrigt sich. Mein Mann ist Angestellter einer Krankenversicherung – da ruft an Pfingsten schon mal keiner dienstlich an. Also mein Handy. Umständlich krame ich das Telefon aus der Handtasche, die gestern Abend achtlos in die Sitzecke gestellt wurde. Inzwischen hatte der Anrufer es wohl aufgegeben, mich erreichen zu wollen. Leider beginnt in solchen Momenten das schlechte Gewissen zu bohren. Niemand ruft ohne Grund am Pfingstsonntag bei mir an. Also die Anrufliste durchstöbert. Der Tierarzt war's, was der wohl Dringendes hat? Es braucht nur einen kurzen Augenblick und ich wähle seine Nummer. „Frank? Hattest du angerufen?" Unser Tierarzt ist mit mir gleichaltrig und einer von denen, die zu jeder Tages- und Nachtzeit einsatzbereit sind. „Petra? Du, ich stehe hier in der Milchviehanlage bei dem rot-weiß geschecken Kalb, das wir nun schon zweimal mit dem ganzen Programm gegen diesen schlimmen Durchfall behandelt haben, zwei Infusionen hat es in der letzten Woche auch schon weg. Es ist wieder mehr tot als lebendig. Willst du wirklich noch weiter behandeln?"

Als Geschäftsführer eines 1000-ha-Betriebes mit rund 600 Rindern – vom kleinen Kälbchen bis zur Milchkuh – muss ich tagtäglich den Spagat zwischen der betriebserhaltenen Ökonomie und dem eigenen Gewissen aushalten. Dieses Kalb hatten wir vor drei Wochen von seiner Mutter auf der Koppel in ein Krankenigluställchen zum Hof geholt.

Sein Durchfall war so lebensbedrohlich und wir hatten schon mehr als alles mit ihm probiert. Nun lag es also wieder platt wie eine Scholle im Iglu, konnte nichts mehr trinken, sich nicht mehr regen und an Ökonomie war in diesem Fall schon lange nicht mehr zu denken. Die Frage bestand hier nur noch, behandelt man wider besseren Wissens weiter mit der Hoffnung auf selten auch einmal passierende Wunder oder lässt man das Tier von seinem Leid erlösen und den Tierarzt die einschläfernde Spritze setzen.

Viele Gedanken gehen mir in diesem Moment durch den Kopf.

Zum einen denke ich sofort an die junge Kälberpflegerin, die Tag aus, Tag ein zusammen mit unserem Melker und dem Fütterer auf dem Hof der Milchviehanlage die rund 250 Milchkühe, die über 350 Kälber und Jungrinder und die Masttiere liebevoll umsorgt. Schon seit Wochen kommen auch die kranken oder verwaisten Kälber des Partnerbetriebes aus den Mutterkuhherden zu uns. Das sind alles Problemkälber, die so viel persönlichen Aufwand beim Trinkenlernen, beim Behandeln während der Krankheiten und dem Angewöhnen an eine Ammenkuh verlangen. Und alles schaffen unsere drei Kollegen mit unendlicher Geduld und Liebe. Wenn nun unsere „Kälberfee" heute Nachmittag auf den Hof kommt und ich habe das Kalb einschläfern lassen, wird sie wohl wieder heimlich weinen. Hier denke ich schon mal so für mich alleine: „Schiet up de Ökonomie ..."

„Frank? Bist du noch in der Anlage? Denk von mir, was du willst, gib ihm noch einmal alles an Medikamenten, was möglich ist, und auch eine große Infusion, vielleicht wird er doch noch, soll er wenigstens diese Chance noch mal bekommen haben!" Ich kann mir nun das Gesicht unseres Tierarztes vorstellen, einerseits wird er wohl wieder ungläubig mit dem Kopf über meinen Unverstand schütteln, andererseits wird er dankbar sein, dass ich ihm die Entscheidung abgenommen und eine Euthanasie erspart habe – kein Tierarzt macht das gerne.

Nun kann ich mich noch einmal in mein Hotelbett zurückkuscheln. Einschlafen geht nicht mehr, die Gedanken wirbeln in meinem Kopf herum und steigen als Bilder und Geschichten in mir hoch. Wie war das noch gleich im letzten Jahr mit dem schwarzen Bullenkälbchen? Am Anfang seiner Krankheit sah alles noch nach einem guten Ende aus – wie eigentlich bei fast allen Kälbern, die an Durchfall auf der Weide erkranken. Auch dieses Kälbchen hatte seine Medizin gespritzt bekommen, und weil wir uns nicht sicher waren, ob es auch genug Flüssigkeit aufnimmt, waren meine Kollegin und ich im Wechsel zweimal täglich mit einer Elektrolytflüssigkeit zu ihm auf die Wiese gefahren, hatten es eingefangen und trotz heftigem Gebrüll seiner Mutter ihm das Getränk eingegeben. Als wir am dritten Tag auf die Koppel kamen, lag das Kalb tot vor seiner Mutter. Wir waren schon traurig, weil es einfach zu viel zusätzliche Arbeit gemacht hatte, und nun schien alles umsonst gewesen zu sein. Auch wenn es einem noch so weh tut, auch im Tierreich wird gestorben. Tote Tiere werden bei uns in der Firma in ein gemauertes, ca. 5 x 5 Meter großes, flachdachiges Gebäude gebracht und von dort durch geschlossene Fahrzeuge eines Entsorgers abgeholt. Hier liegen die Tiere geschützt vor Katzen und Raubwild maximal einen Tag bis zur Verwertung.

Beim Aufladen auf den Pickup wackelte ein ganz klein wenig das Ohr … tatsächlich, noch war Leben in ihm. Wir bogen also nicht zum Gebäude, in dem tote Tiere aus seuchenprophylaktischen Gründen bis zur Abholung durch den Entsorger verbracht werden, ab, sondern legten ihn auf einen sonnengeschützten Rasenflecken auf den Hof. Zum Glück hatten wir gerade den Tierarzt dabei, der zwar an kein Wunder glauben wollte, aber mit flinken Händen eine Infusion legte. Obwohl

das Kalb praktisch schon tot war, begannen mit Abnahme der Infusionsflüssigkeit im Beutel die Lebensfunktionen sich wieder zu regen. Nun sahen wir aber das ganze Ausmaß des Schadens. Das Kalb war in der kurzen Zeit des Liegens auf der Koppel so böse von Kolkraben angefressen worden, dass alleine die Verletzungen über eine Infektion den sicheren Tod bedeuten konnten. Wochenlang haben die Kollegen das Kalb vielfach am Tag mit kleinen Trinkmahlzeiten körperlich wiederhergestellt. Dann waren die tiefen Vogelhackwunden zu reinigen, zu desinfizieren und vor allem von den vielen Fliegenmaden zu befreien. Es waren eklige und dreckige Arbeiten, und mehr als einmal lag das Kalb morgens wieder wie tot in seinem Iglu. Heute steht unser schwarzer Bulle als muskelbepackter Mastbulle im Stall. Er ist zwar auf einem Auge blind, eine Erinnerung an die Kolkraben, aber all der Aufwand hat sich in diesem Fall gelohnt. Dabei ist lohnenswert vielleicht nicht einmal der reine finanzielle Ertrag.

Diese tägliche und vielmals schwere Arbeit in der Landwirtschaft ist für uns alle glückbringend, wenn man solche Erlebnisse hat. Das Gefühl, ein Tier beschützt und vor einem sicheren Tod bewahrt zu haben, gibt jedem von uns ein tiefes Gefühl von Dankbarkeit und Freude. Aber auch untereinander fühlen wir uns dann wie Kämpfer gegen Schlechtes. Die gemeinsam erlebte Freude, etwas geschafft zu haben, mit dem nicht mehr zu rechnen war, schweißt die Gruppe unserer Angestellten mit mir, dem Tierarzt und auch untereinander zusammen. Sicher kann man mit überdurchschnittlich gutem Lohn seine Angestellten an sich binden. – Unsere beiden Betriebe bewirtschaften leichteste Sandböden und Niedermoorwiesen. Alles in allem Produktionsbedingungen, auf denen zu keiner Generation jemand reich oder auch nur wohlhabend wurde. – Sicher zahlen wir inzwischen Tariflohn und sicher wissen das unsere Mitarbeiter auch zu würdigen. Aber wirkliche Freude an der Arbeit erreicht man nur, wenn man die unmittelbaren Ergebnisse gemeinsamen Tuns sieht und die Freude darüber gemeinsam erlebt.

Da mein Mann wieder fest eingeschlafen ist, lasse ich meine Gedanken weiter laufen. Die Gedankengänge finden sich mit einem Male in meiner Kindheit wieder. Noch als ganz kleines Mädchen – ich kann so etwas über sieben Jahre alt gewesen sein – nahm mich mein Vater an den Wochenenden oder auch nach Feierabend oft in eine große Zuchtsauenanlage des örtlichen Volkseigenen Gutes mit, in dem er in der obersten Leitungsebene wirkte. Waren noch die Kollegen am Arbeiten, nahm mich immer ein älterer Kollege unter seine Fittiche und zeigte mir, wie man frisch geborene Ferkel abnabelt, trockenreibt und ins gewärmte Ferkelnest legt. Er machte das so sanft und so achtsam, dass ich seit dieser Zeit ein so inniges Verhältnis zu allen Tieren bekommen habe. Ich sehe heute noch das Schutzbedürfnis in diesen kleinen Schweinchenknopfaugen, die vertrauensvoll aus dem niedlichen Ferkelgesicht auf mich blickten.

Dazu muss man aber auch sagen, dass es in meiner Erinnerung eine Riesenanlage war, in dem die Tiere gehalten wurden. Auf Nachfrage bei meinem Vater erfuhr ich, dass es eine 700 Sauenplätze umfassende Anlage war – nach heutigen Maßstäben also fast eine bäuerliche Anlage, aber sie war ganz neu gebaut und auf dem wissenschaftlichen Stand der 70er Jahre. Dazu gehörten Selbsttränkeanlagen, Futterautomaten und beheizbare Ferkelnester, in denen sich die neugeborenen Ferkel warm und geborgen fühlen konnten. Die ganze Anlage war so abgeschottet, dass von betriebsfremden Besuchern, Wildtieren wie Füchsen und Wildschweinen keine Ansteckungsgefahr ausgehen konnte. Die Beschäftigten hatten ein Sozialgebäude, in dem sich jeder vor und nach der Arbeit duschen und umziehen musste, und auch die Mahlzeiten wurden dort in einem heimeligen Speiseraum betrieblich angeboten und gemeinsam gegessen.

Seit dieser Zeit hatte ich auf dem Hof meiner Eltern auch immer eigene Kaninchen, Hühner und anderes Geflügel. Sicherlich um ein wenig zu imponieren, aber auch weil es für mich nur folgerichtig war, hatte ich meine Tiere auch alleine zu schlachten, auszunehmen und sozusagen küchenfertig bei meiner Mutter abzuliefern. Die gedankliche Verbindung, wenn ich Fleisch essen möchte, muss ich Tiere aufziehen und diese dann auch schlachten, wurde bei uns daheim gelebt und nie in Frage gestellt. Mein Vater hat mir den Schlachtprozess der einzelnen Tierarten vorher immer sehr gründlich gezeigt und lange beobachtet, ob ich es auch richtig mache. Das halte ich heute für richtig. Mit einem schnellen und korrekten Tod leidet keiner, weder das Tier noch der Mensch, der den Tod herbeiführt.

Es bewegt mich aber auch, dass ich schon mindestens seit 20 Jahren kein einziges Tier mehr selber geschlachtet habe. Fleisch, Wurst und Schinken gibt es preiswert im Supermarkt, gesundheitliche Beschwerden haben mich und meinen Mann schon lange zum sogenannten Flexianer (man mag zwar Fleisch, isst es aber immer seltener) werden lassen und wir haben auch keine Nutztiere mehr auf unserem Eigenheim- grundstück. Sollte ich heute in den Druck kommen, ein Tier schlachten zu müssen, würde ich es vom Wissen her zwar noch können, aber die Form von ziviler Verweichlichung ist bei mir so stark ausgeprägt, ich müsste mich enorm überwinden.

So bewegt mich stärker als noch vor 10 bis 15 Jahren der Moment, an dem ich Tiere für die Schlachtung aussortiere. In der Regel sind es Tiere mit Leistungsdefiziten, gesundheitlichen Problemen und Tiere, die eigens für die Schlachtung gehalten und gemästet wurden. Wir leben von der Tierhaltung. Wir lieben unsere Tiere und wir achten auf ihr Wohlbefinden. Jedoch genau so, wie ein Schiffbauer oder ein Schreiner irgendwann sich von seinem lieb gewordenen Stück Pro- duktion trennen muss, um seinen Lebensunterhalt zu bestreiten, ge- nauso halten wir Nutztiere, um sie letztendlich der Schlachtung zu- zuführen.

Der Herbst ist für mich eine schwierige Zeit. In mehreren Etappen selektieren wir die Mutterkuhherden und trennen die ca. sechs Monate alten Kälber von ihren Müttern. Die Mutterkühe brüllen danach zwei Tage und auch die Kälber, die erst in einem Stall vorsortiert werden, sind unruhig und müssen sich mit der neuen Situation erst einmal zu- rechtfinden.

Wie Jugendliche, die in ein neues Leben mit Ausbildung und neuen Aufgaben in die Welt aufbrechen, werden unsere Kälber zugeordnet; die männlichen bleiben entweder im eigenen Betrieb zur Mast oder werden in andere Mastbetriebe – vorrangig nach Bayern und Baden- Württemberg – verkauft. Die weiblichen Kälber gehen in andere Be- triebe. Etwa 40 Mädels ziehen wir für unsere Nachzucht selber auf. Die bleiben im eigenen Betrieb und werden in ihrem späteren Leben Mut- terkühe, deren Aufgabe es ist, pro Jahr ein Kalb gesund zur Welt zu bringen und es aufzuziehen.

Mein Mann, der selber Landwirt gelernt, studiert und als solcher noch bis zur Wende gearbeitet hat, kommt sehr schnell zu kritischen Fragen der Landwirtschaft. An dem Verlauf unserer Diskussionen merken wir, je weiter man von den landwirtschaftlichen Prozessen entfernt ist und je besser die folienverpackten Lebensmittel die Herstellung ver- schleiern, je romantischer werden die Vorstellungen der Verbraucher über die Nutztierhaltung.

Als Kinder kannte ich noch den Bauernspruch: „Mit Tieren, die für die Schlachtung bestimmt sind, spricht man nicht und gibt ihnen auch keinen Namen." Dieser Satz hatte schon seinen Sinn, denn mit genau diesen beiden Dingen werden Nutztiere vermenschlicht und wer soll dann eine Schlachtung verstehen? Auf dem Bauernhof meiner Schwiegereltern wurden jedes Jahr zwei bis vier Schweine geschlachtet. Das war für alle Familienmitglieder und die Nachbarn ein richtiges Fest. Wenn die Sau getötet und an den Haken hochgezogen war, gab es für alle einen Schnaps. Das erste frische Fleisch waren die Wellfleischstücke, die heiß aus der Brühe auf die Bretter zum Zerlegen kamen, abends gab es frisch gebratene Klopse aus der Pfanne mit Mischgemüse. Die Kinder trugen die Wurstsuppe zu Freunden, Nachbarn und Verwandten, die es ja ebenso machten, wenn sie dann Wochen später schlachteten. So hatte man innerhalb einer Dorfgemeinschaft über einen langen Zeitraum frische Wurstsuppe, die zu leckersten Eintöpfen verkocht wurde.

Wobei es nicht ganz richtig ist, dass man mit Tieren nicht spricht. Damit ist vielmehr der gesprochene Umgang wie mit einem menschlichen Freund gemeint, denn unsere Angestellten und auch ich sprechen immer mit unseren Nutztieren. Unser Melker, die Kälberfee und der Fütterer kennen die Tiere genau. Ist mal eines der Tiere krank oder macht sonst Schwierigkeiten, wissen die Kollegen fast immer, ohne noch in den Tierdokumenten nachsehen zu müssen, ob es schon einmal Brüche im Leben des Tieres gegeben hat. Durch den täglichen, liebevollen Umgang mit unseren Rindern nötigen mir die Kollegen immer wieder Hochachtung ab, wie sie die Tiere an der Färbung, der Kopfhaltung, an Verhaltensmustern und anderen Merkmalen, die nur ihnen zugänglich sind, erkennen und wie sie über diese viele Lebensdetails erzählen können.

Nun muss man sich unsere Tierhaltung aber nicht als Streichelzoo vorstellen: Unsere 400 Mutterkühe, die nach den Richtlinien der ökologischen Landwirtschaft gehalten werden, leben das ganze Jahr im Freien. Im Sommer halten wir die Mutterkühe in Herden zwischen 15 und 65 Kühen mit einem Bullen und den ab März geborenen Kälbern auf Wiesen und Weiden rund um die drei Dörfer, in denen unsere Firma wirtschaftet. Zweimal täglich kontrollieren entweder der Herdenverantwortliche oder mein Kollege und ich die Herden, in denen noch Kühe ihr Kalb erwarten. Das ist ziemlich wichtig, denn naturnah Tiere zu halten bedeutet nicht automatisch, dass alles ohne Einwirkung des

Menschen gehen kann. Zwischen 10 und 15 Prozent der Kalbungen bedürfen unserer Hilfe. Und eigentlich sind es die gleichen Probleme, die es auch bei Menschen gibt. Entweder müssen wir bei Schwergeburten den Kühen helfen, ihr Kalb auf die Welt zu bringen – das passiert schon, wenn Zwillinge sich in der Mutter so verdreht haben, dass man sie vorsichtig „entwirren" muss und sie dann erst geboren werden können. Aber auch Kälbchen, die rückwärts im Geburtskanal liegen, brauchen fast immer Hilfe. Und sind die Kälber dann erst einmal auf der Welt – sprich auf der Koppel –, sind wir immer sehr aufmerksam beim Beobachten. Einige der Kleinen brauchen Hilfe, denn sie haben den Reflex, das Euter zu finden und selbstständig zu trinken, nicht verinnerlicht. Solche Kälber erkennt man recht schnell an ihren eingefallenen Bäuchlein. Diese Kälber werden mit ihren Kuhmüttern mittels Strippe und Viehhängern eingefangen, und nach einigen „Lehrvorführungen" an Muttis Euter begreifen sie es und beide kommen zurück auf ihre Koppel.

Dann kann es in kalter, feuchter Witterung zu Durchfällen und Lungenentzündungen kommen. Hier ist schnelles und aufmerksames Handeln angesagt. Die kranken Kälbchen fangen wir mit einem zum Lasso gebundenen Strick ein, geben ihnen die entsprechende Medizin und, wenn es sich anbietet, auch noch einen Energietrunk. Damit bekommt man die allermeisten Probleme auf den Koppeln gelöst.

Seit einigen Jahren züchten wir auf Hornlosigkeit und brauchen bei den Mutterkühen uns keine Sorgen mehr um Verletzungen untereinander, aber auch der Kollegen, die Umgang mit den Tieren haben, zu machen. Das war lange Zeit ein sehr großes Problem. Wer einmal von einer Mutterkuh angegriffen wurde, wie auch ich schon, und sich nur mit letzter Kraft unter einen Futterhänger werfen konnte, weiß um die Gefahren, in die wir uns begeben, wenn wir die EU-Vorschriften durchsetzen und den neugeborenen Kälbern die nötigen Ohrmarken einziehen. Das machen wir schon viele Jahre nur noch aus den Pickups. Ohne Fluchtinsel sollte man schon aus Eigenschutz und Vernunft nie auf eine Kuhweide gehen. Tiere sind eben keine Kuscheltiere. Die meisten tödlichen Unfälle mit Rindern passieren eben immer noch in kleinen Beständen, wo man meint, seine Tiere so gut zu kennen, dass man Aggressionen ausschließen kann. Aber: Tiere sind Tiere. Fühlt sich ein Bulle von der Herde getrennt, glaubt eine Kuh ihr Kalb beschützen zu müssen, meint ein Jungrind, sich in die Enge getrieben zu fühlen, kann ein Angriff auf den Menschen nicht ausgeschlossen werden.

Ich bin dann auch Arbeitgeber und für unsere Angestellten verantwortlich. Daher haben wir in den letzten 20 Jahren bei den Jungrindern, die später in die Herden der Mutterkühe integriert wurden, unter Narkose die Hörner abgesägt. Ein Eingriff, der nichts anderes als Nägelschneiden ist.

Witzigerweise hatte man früher immer den Eindruck, nur die Frauen haben die Arbeit mit den Tieren so richtig „in Griff". In unserem zweiten Betrieb, ebenfalls ein 1000-ha-Betrieb mit über 400 Mutterkühen, macht die Herdenbetreuung ein junger Mann. Selbst bei der Geburtshilfe ist er so sanft, wie man es eben auch von einer Frau erwarten könnte.

Die Kälber betreut unsere junge Kälberfee. Aber die Urlaubsvertretung macht unter Umständen auch einer der Männer, und auch die haben sich die Arbeit so zu eigen gemacht, dass man nicht von vornherein sagen würde, das ist nur Frauenarbeit. Wir bilden in unserer Firma auch Lehrlinge aus. Leider ist es so, dass vor allem die Jungs immer erst nur die Größe der Traktoren sehen. Es dauert lange, bis wir ihnen die Schönheit in der Tierpflege nahebringen können. Manch einer von ihnen bekommt dafür aber nie das richtige Gefühl. In so einem großen Betrieb wie dem unseren ist das nicht weiter tragisch. Solche Lehrlinge vermitteln wir an andere Ackerbaubetriebe oder versuchen, diesen Jungfacharbeiter dann doch in unsere Pflanzenproduktion zu integrieren.

Inzwischen ist es aber so, dass Jungfacharbeiter, die richtig gut in der Tierproduktion vorrangig beim Melkprozess und der Kälberpflege sind, heiß begehrte und teuer gehandelte Spezialisten werden können. Wenn man dann noch bedenkt, dass die Ausrüstung eines Melkerarbeitsplatzes schnell in Kostenbereiche von 500.000 bis eine Million Euro gehen können, versteht man schon, dass man gutes Personal schätzt und hütet!

Und Modernität geht auch am Kuhstall nicht vorbei: Vor etwa zehn Jahren hatten wir unsere Milchviehanlage auf den damals modernsten Stand umgebaut. Ein ehemals 200 Kuhplätze umfassender Anbindestall, der zum Zeitpunkt des Umbaus aber schon als Laufstall genutzt wurde, wurde so gestaltet, dass jede der nun 180 Milchkühe eine eigene Liegebox mit Stroh bekam, die in der Größe dem Wohlgefühl einer Kuh angepasst war. Zwei der Wände sind offen und werden nur bei schlechtestem Wetter mit Netzen gegen den Wind abgeschirmt. Dadurch haben die Tiere immer sehr frische Luft im Stall. Gemolken wird zweimal am Tag in einem 2x10 Side-by-Side-Melkstand. Durch moderne Elektronik kann der Kollege jeder Kuh die Milchmenge, die Melkzeit und viele andere Daten zuordnen, und das hilft, Krankheiten, Brunst und sonstige Unregelmäßigkeiten viel schneller zu erkennen und natürlich auch zu behandeln.

Sechs bis acht Wochen vor dem Kalben stehen unsere Milchkühe in einem Extrastall. In einer großen Sammelstrohbox im Winter und im Sommer auf der Weide machen die Kühe so etwas wie große Ferien vor der nächsten Anstrengung: der Kalbung. Haben sie ihr Kalb bekommen, bleibt es noch einen halben Tag bei der Mutter. Hier haben beide noch einmal ein wenig Zeit, sich zu erholen. Das Kalb bekommt möglichst die erste Milch der eigenen Mutter, die sogenannte Biestmilch. Klappt das nicht, bringt die Kälberpflegerin warme Biestmilch, die wir immer auf Vorrat einfrieren und dann kuhwarm, mit einem Eisenpräparat versetzt, dem Kälbchen anbieten. Die Kuh zieht dann in den Kuhstall um und wird zweimal täglich gemolken und das Kalb kommt in ein strohgestreutes Kälberiglu. Hier wird es von unserer Kälberpflegerin gefüttert und betreut und durchläuft alle Etappen des „Erwachsenwerdens". Zuerst bleibt es 14 Tage im Iglu, wo es mit der Milch seiner Mutter gefüttert wird. Dann kommen die Kälber in eine Gruppenbox mit etwa 15 Gleichaltrigen. Wir haben drei von diesen Gruppenboxen. Die Kälber lernen hier aus einem Milchautomaten zu trinken, der computergestützt für das jeweilige Kalb die berechnete Menge Milch oder bei Krankheit die entsprechende Menge Elektrolyt anrührt und in zeitlich definierten Portionen nur an das dafür zugelassene Kalb abgibt. Jedes Kalb hat ein Halsband mit einem Sender um den Hals und damit erkennt der Automat jedes einzelne Kalb. Dieses Verfahren hat sich gut bewährt, denn man kann jederzeit über das Display erfahren, welches Kalb seine Portion Milch noch nicht genommen hat, und damit erkennen wir sehr schnell, wo vielleicht eine Krankheit im Anzug ist.

Die Kälber werden hier auch an Elektrozäune gewöhnt und kommen zum ersten Mal auf eine Hofkoppel. Es ist für uns immer so lustig anzusehen, wie sie lustig hin- und herspringen, wenn sie das erste Mal auf die Weite einer Wiese treffen. Die Schwänzchen flattern beim Hüpfen, Springen und Um-die-Wette-Laufen fröhlich im Wind und wir haben unseren Spaß daran.

Da es züchterisch bei Milchrindern noch nicht möglich ist, komplett und kurzfristig alle Tiere hornlos zu bekommen, werden in dieser Altersgruppe die Kälber unter Narkose mit einem dafür konzipierten Elektrogerät enthornt. Dazu wird mit einem gekonnt schnellen Dreh die weiche Hornknospe entfernt. Eine Enthornung halten wir für sehr wichtig. Die Tiere stellen sonst unter Umständen für die sie betreuenden Menschen eine Gefahr da. Die tödlichen Unfälle, die die Berufsgenossenschaft jedes Jahr öffentlich macht, reden da eine eindeutige Sprache. Ich habe aber auch genug verletzte Tiere schon behandeln müssen, die sich bei Rangkämpfen böse gegenseitig verletzt haben. Und das nicht nur im Stall, auch auf Weiden, wo man eigentlich ein gegenseitiges Ausweichen vermuten könnte, gibt es immer wieder regelrechte Hetzjagden auf ein rangniederes Tier, das dann geschubst, gestoßen und bedrängt wird. Eine Verhaltensforscherin hat mir mal erklärt, dass das aus dem Herdenreflex des Wildrindes stammt; um die Herde vor Raubtieren zu sichern, gibt es immer ein Omega-Tier. Das wird durch Verdrängen von den besten Futterstellen durch die Herde künstlich mager und nicht sehr widerstandsfähig gehalten und fällt bei Raubtierangriffen diesen als Erstes zum Opfer. Solche Verhaltensweisen liegen in den Genen und unsere Kollegen, die die Tiere sehr genau kennen, können das aus dem täglichen Beobachten gut nachvollziehen.

Später siedeln sie in den nächsten Stall, einen strohgestreuten Boxenlaufstall, unterbrochen von der halbjährigen Weidehaltung. Im Moment planen wir, einen weiteren, noch auf dem Standort vorhandenen alten Sauenstall umzubauen. Es werden dort mal 150 Jungrinder vom halbjährigen Kalb bis zur tragenden Färse einziehen.

Wir planen hier einen Stall mit breiten Laufgängen, strohgepolsterten Liegeboxen und außenliegenden Futtergängen. Alles in allem sehr viel Platz und Luft für die Tiere. Aber immer wieder erschrecken mich die Kosten. So ein nach allen wissenschaftlichen Standards tierartgerechter Stall kostet im Umbau weit mehr als 300.000 Euro. Es ärgert mich dann schon, wenn ich in den Supermärkten „Billig, Billig"-Kampagnen sehe, die auf Kosten der Einkommen von uns Landwirten gehen.

Tierwohl muss von der Gesellschaft bezahlt werden, die es fordert! Einem Bauern und seinen Mitarbeitern steht, wie jedem anderen Bürger unseres Landes, eine angemessene Entlohnung seiner Arbeit, eine Verzinsung seines eingesetzten Kapitals und des unternehmerischen Risikos zu, das wird allzu oft vergessen. Wer heute glaubt, Landwirte brauchen kein Urlaub, keine Freizeit, keinen angemessenen Lohn, der ist ungerecht in seiner Bewertung.

Noch schläft mein Liebster:

Ein wenig kann ich noch vor mich her sinnieren: Wie war das doch gleich bei meinem ersten Besuch auf Bauernhöfen im Rheinland? Unser Viehhändler hatte mich und meine Familie zu sich auf den Hof eingeladen und zeigte mir voller Stolz die westdeutsche Landwirtschaft auf vier oder fünf Bauernhöfen. Mögen mir die Landwirte es verzeihen oder nicht, den Schock von damals habe ich nie überwunden. Wenn ich die verdrehte Grünen-politische Bauernhofidylle von heute höre, habe ich Panik, dass solche Ideologien sich durchsetzen könnten. Ich habe dort 20 bis 30 Kühe in Anbindehaltung in engsten Stallungen gesehen, die Fenster winzig und geschlossen und die Decken niedrig. Die Tore ließen nur eine Bewirtschaftung mit Kiepen und Karren zu, und wie ein ausgemästeter Bulle durch das Tor in den Hof hätte kommen sollen, war mir schleierhaft. Die Luft war in allen Ställen so schlimm, dass ich mich nur nach draußen gesehnt habe.

In dem Moment war mir klar, wenn ich unter solchen Verhältnissen Tiere halten müsste, gäbe ich die Viehwirtschaft auf. Sicher standen gleich nach der Wende unsere Milchkühe auch in Anbindehaltung. Aber auch auf solch finanziell schwachem Betrieb wie dem unsrigen damals ging es den Tieren sehr viel besser. Die Stallungen waren zu der Zeit schon höher gebaut, die Tiere hatten mehr Platz, es wurde mit Technik gefüttert und die Tore und Türen ließen mehr Licht in den Stall.

Nun haben sich im Laufe der Jahre in vielen landwirtschaftlichen Betrieben die Verhältnisse radikal geändert. Die Tiere stehen vielerorts in Laufställen, die Decken sind hoch angesetzt und die Seitenwände sind oft durch luftdurchlässige Netze verkleidet, damit hat man frische Luft im Stall. Unsere Tiere leben in großen, luftdurchfluteten und hellen Ställen. In stroheingestreuten Laufboxen, die wir aus den alten Stallungen in den vergangenen Jahren umgebaut haben, können sie sich frei bewegen und im Sommer auch auf die Weide gehen.

Für mich ist immer ein Gradmesser, wie gut für das Tier die Stallluft ist: Wenn ich mit meinen normalen Sachen durch den Stall gehe und man riecht es hinterher nicht mehr, dann war der Luftaustausch so gut, dass es auch die Tiere gut haben.

Sowas sind für mich Maßstäbe für Tierwohl. Die Definition, Tieren geht es in niedlichen – den Kinderbüchern nachempfundenen – Bauernhöfen nur gut, ist wissenschaftlich nicht haltbar und diskriminiert uns Landwirte, die sich in Genossenschaften oder anderen Rechtsformen zu großen landwirtschaftlichen Betrieben zusammengeschlossen haben. Es belastet mich als Landwirt und Betriebsleiter, dass unsere Produktion fast täglich in der Presse pauschal angegriffen wird (und hier wird auch kaum noch ein Unterschied zwischen herkömmlicher und Ökolandwirtschaft gemacht!) und mit Lebensmittelskandalen – die bisher nie durch Landwirte direkt ausgelöst wurden – in Verbindung gebracht wird.

Gemäß dem Spruch „Wer wenig weiß, muss mehr glauben" versuchen einige Menschen, oft ohne fundiertes Fachwissen, ihre Empfindungen uns Landwirten als allgemeingültige Richtschnur der Tierhaltung aufzuzwingen. Sie bedienen sich oft demagogischer Mittel und einer Presse, der jeder Skandal, und ist er noch so schlecht recherchiert, zur Steigerung der Verkaufszahlen gut genug zu sein scheint. Eine Mentalität von Billigprodukten, Austauschbarkeit und Verschwendung von Lebensmitteln lehne ich ab. Mir ist bewusst, wie viele Menschen in der Welt täglich hungern.

Es stört mich stark, von den Fördertöpfen der EU und des Staates abhängig zu sein, Kontrollen über den Betrieb ergehen zu lassen, die mir implizieren, dass man mir zutraut, dass ich den Boden, den ich von der vorherigen Generation nur geliehen habe, um ihn an unsere Kinder weiter zu geben, nicht ordentlich und gewissenhaft bewirtschafte. Mich stört aber auch, dass genau dieser Boden Spielball von Interessengruppen geworden ist, die Geld inflationssicher anlegen wollen, denen neben ihrem Industriegewerbe es noch nach einem kleinen Vorzeigebauernhof gelüstet und einer Treuhandgesellschaft, die Boden nicht nach dem Bewirtschafterprinzip, sondern an den Meistbietenden verscherbelt. Hier gehen der bäuerliche Gedanke und die generationenübergreifende Form der Bewirtschaftung kaputt. Es sind politische Entscheidungen, auf die wir im Einzelnen kaum Einfluss haben, aber gerade darum macht es für mich Sinn, mich in der berufsständischen Vertretung, dem Bauernverband, zu engagieren.

Wenn ich abends durch eine unserer Stallungen gehe oder auch morgens auf die Koppeln mit den Mutterkühen und ihren Kälbchen fahre, habe ich ein tiefes Gefühl von Ehrfurcht. Dieses Gefühl von Achtung den Tieren, dem Boden und auch unseren Angestellten gegenüber leben wir als Firmenführung. Nicht nur unsere Familie hat dieses bäuerliche Ehrgefühl unserem Sohn mitgegeben, auch unser Mitgesellschafter hat zurzeit seine beiden Kinder in landwirtschaftlicher Ausbildung und Studium. Wir freuen uns beide an dem Gedanken, dass vielleicht der eine oder andere von den dreien zu uns in den Betrieb zurückkommt und von uns den „Staffelstab" übernimmt und in die nächste Generation überträgt, wie auch wir die Nachkommen einer langen Bauerntradition sind.

Den ersten Schritt dazu habe ich gemacht, als ich unserem Sohn einen meiner fünf Anteile an unserer GmbH & Co. KG überschrieben habe. In unserer herkömmlich wirtschaftenden Milchkuh-/Ackerbaufirma sind wir zurzeit fünf mitarbeitende Gesellschafter, zwei Pensionäre, die früher ebenfalls in dieser Firma gearbeitet haben, und, durch die Aufteilung meiner Anteile, mein Mann und unser Sohn. Die ökologische Mutterkuhhaltung mit etwa 1000 ha leichten Ackerböden und Weiden wird von uns als GmbH betrieben. Auch hier in einem rechtlichen Zusammenschluss von fünf mitarbeitenden Kollegen bzw. ihren Partnern, einem Rentner und unserem langjährigen Viehhändler. Wir alle verdienen hier unser Einkommen, leben hier und sind damit auch unserer Umwelt und den Dörfern verbunden.

Unser Sohn hat gerade geheiratet, ebenfalls eine Landwirtin. Der Gedanke, vielleicht einmal Enkel zu haben und mit ihnen durch unseren Betrieb zu fahren, Kälber zu streicheln, Mohn und Kornblumen zu einem Strauß zu binden und den riesigen Maschinen bei der Feldarbeit zuzuschauen, macht mich glücklich.

*Karlheinz Schillinger, Mutterkuhhalter
in Baden-Württemberg*

Der arme Kerl Hermann

Hermann, den armen Kerl, habe ich von einem Zuchtbetrieb gekauft. Seine Schwanzquaste war ein einziger dicker Klumpen. Leider fiel mit dem Klumpen Dreck die ganze Quaste ab. Sie war gebrochen und nicht mehr zu retten. Deshalb ist Hermanns Schwanz zu kurz, um die Bremsen abzuwehren, die ihn an heißen Sommertagen auf der Weide quälen. So verbringt Hermann diese Nachmittage zusammen mit seinen zehn Anguskühen im schützenden Stall.

Unser Hof liegt auf einem unbewaldeten Hochsattel in Lehengericht, das ist die bäuerliche Teilgemeinde von Schiltach. Hier auf dem Höfenhof lebten schon viele Generationen von der Land- und Forstwirtschaft. Seit 1835 ist der Hof mit seinen 122 ha Land in Besitz der Familie. Vorher gehörte er der Wolfacher Schifferschaft, für die der Hof wertlos wurde, als der Wald für die Flößerei abgeholzt war. Deshalb wurde er eingetauscht gegen den Hof meiner Vorfahren, der auf einem anderen Höhenrücken des Schwarzwaldes lag. Mein Urgroßvater hat die Fläche damals dann wieder aufgeforstet mit Tannen, Fichten und Kiefern. Die Rinde der Fichten hat er bis zum Einzug der chemischen Gerbung zum Gerben von Schuhleder verkauft.

Wie auf den meisten Schwarzwaldhöfen gehört auch auf unserem Hof die Land- und Forstwirtschaft seit jeher untrennbar zusammen. Die Landwirtschaft lieferte das Essen, die Forstwirtschaft das Einkommen. Und daran hat sich bis heute nichts Grundlegendes geändert. Von den 122 ha Land, die zum Hof gehören, sind mehr als 100 ha bewaldet, 15 ha Grünland und ein halbes Hektar Getreide. Außerdem gehören dazu: Hermann, unser Bulle, seine zehn Deutsche-Rote-Angus-Kühe samt Kälbern, zwei Schweine, sechs Laufenten, Hühner, Bienen und der Hofhund. In unserem hofeigenen Löschteich schwimmen Spiegelkarpfen. Auf dem

Hof verarbeiten wir das eigene Getreide im Backhaus zu Brot für den Eigenverbrauch und den Verkauf in einem Raiffeisenmarkt. Wir stellen in einer Brennerei aus zugekauftem Getreide Branntwein her. Obst von den Streuobstbeständen verarbeiten wir zu Saft und Most. Das Holz aus unserem Wald vermarkten wir als Brenn- und Bauholz. Weißtanne geht – zu Totenbrettern verarbeitet – nach Japan. In der buddhistischen Religion Japans besteht der Brauch, die Toten mit einem neuen Namen ins nächste Leben zu schicken. Dieser wird neuerdings mit schwarzer Farbe auf ein weißes und astfreies Totenbrett aus Schwarzwälder Weißtannenholz geschrieben.

Entgegen dem landläufigen Trend, bäuerliche Gemüsegärten stillzulegen, haben wir hier den Garten stetig erweitert. So gibt es neben dem Hunderte Jahre alten Gemüsegarten auch einen großen Heilkräutergarten, einen separaten Beerengarten und verschiedene ländliche Staudengärten auf dem ein Hektar großen Hofareal. Nach wie vor ist die Selbstversorgung der Familie das oberste Gebot beim Gärtnern. Meine Frau bietet zudem Gartenführungen mit Verkostungen an.

Das Kerngebäude entspricht dem typischen Schwarzwälder Hof, wie er im 15 Kilometer entfernten Freilichtmuseum Vogtsbauernhof gezeigt wird. Alles war einst unter einem Dach, im Erdgeschoss standen die Tiere, darüber befand sich der Wohnbereich und ganz oben die Heuvorräte. In meiner Kindheit standen in diesem Stall zwölf Milchkühe in Anbindehaltung. Tagsüber waren sie auf der Weide, zur Melkzeit kamen sie wieder in den Stall zurück. Ich erinnere mich daran, dass es dann immer mit einer großen Hektik und Schreierei verbunden war, bis die Kühe alle an ihrem richtigen Platz standen. Der richtige Platz war angeblich wichtig, weil die Kühe immer von der gewohnten Seite aus gemolken werden wollten. Gemolken wurde mit einer Absauganlage und gemistet mit dem Schubkarren. Diese Tätigkeiten habe ich weni-

ger gerne gemacht. Meine Eltern haben mir nicht wirklich was zugetraut. Erst während der Ausbildung und im Zuge der Meisterprüfung,
als wir während der Winterschulzeit viele Betriebe und Umbaumaßnahmen in Ställen besichtigt haben, durfte ich die neuen Erkenntnisse
und Arbeitstechniken auf dem Hof langsam umsetzen. So entwickelte
sich meine Einstellung zur Tierhaltung eher durch Beobachtungen in
anderen Ställen. Wobei ich schon von Kindesbeinen an immer Tiere um
mich hatte.

Als Grundschulkind durfte ich ein Kälbchen auf die Weide führen, im
Stall hat mir mein Vater gezeigt, wie man ein Halfter anlegt, und so hab
ich meinen „Käther", so hieß das Kälbchen, jeden Tag auf die Weide
geführt und wieder in den Stall gebracht.

Ein Erlebnis, das ich als Zwölfjähriger bei einem Verwandten hatte,
hat meine Einstellung zu Tieren besonders geprägt: Die Kühe wurden
von der Weide geholt und ein halbjähriges Kalb blieb zurück. Der Sohn
des Bauern und ich gingen den Weg zurück, um es zu holen. Zur Wei-
degewöhnung wurde da noch allen Kälbern ein Halfter angelegt; wir
fanden das Tier und ich ergriff das Halfterseil und machte mich mit
dem mir hinterhertrottenden Tier auf den Heimweg. Der Bauer kam
uns entgegen, weil es seiner Meinung nach zu lange gedauert hatte. Ent-
riss mir das Seil, und von da an wollte das Kälbchen nicht mehr laufen,
es spürte die Unruhe und die Ungeduld seines Herrn. Dieser schimpfte
und zerrte an dem bockigen Tier herum, bis es sich an einer Felswand
den Kopf anschlug und zu Boden stürzte. Das war für mich ein Hinweis,
dass Tiere spüren, wenn man es gut mit ihnen meint, und dann auch
freundlich und gehorsam auf Menschen reagieren.

Was auf einem Nachbarhof Sitte war, ich aber bis heute nicht verste-
he, ist das Umwickeln der Hörner mit einem Seil, das ausgesehen hat,
als wollte man sie damit anbinden. Die Tiere gingen auch mit diesem
Gehänge auf die Weide.

Schon als relativ kleines Kind war ich beim Kalben dabei. Habe bei
schweren Geburten geholfen zu ziehen und später das Kälbchen auch
wegzutragen. Es gehörte zu meiner Kindheit dazu, ich habe mich immer
gefreut, wenn ein neues Herdenmitglied auf die Welt kam. Besonders
schlimm hab ich empfunden, als vier Kühe Totaborte zur Welt brachten.
Die Kälber waren fast ganz entwickelt. Wir waren selbst schuld an diesem Verlust, da zu viel Apfeltrester verfüttert wurde, der zum Abgang
der Föten führte. Ich denke, es war damals für meine Eltern schlimm,

für mich aber ein alptraumartiges Erlebnis; diese Bilder der neugeborenen leblosen Kälber sind mir lange Zeit im Kopf geblieben.

Auf der anderen Seite wurden und werden auf unserem Hof zur Eigenversorgung jährlich ein bis zwei Schweine geschlachtet. Ein Vorgang, der ganz selbstverständlich schon von Kindesbeinen an dazugehörte. Schlachttage waren immer auch Festtage, an denen es abends nach getaner Arbeit frische Bratwürste zum Vesper gab. Darauf freuten sich alle. Schlachten war für mich nichts Schlimmes, vielleicht weil dieser Vorgang auf dem Hof stattfand; es gehörte zu den bäuerlichen Arbeiten dazu und war fester Bestandteil im Jahresablauf.

Nach meiner Heirat und Hofübernahme im Jahr 1990 stand auch die Frage der Betriebsentwicklung an. Das hieß: Milchquotenkauf und Aufstockung der Milchviehhaltung oder Verkauf der Quote und Umstellung auf Mutterkuhhaltung. Ich habe mich für Letzteres entschieden. Es war nicht nur der immense Kapitalaufwand für den Zukauf der Quote, der mich abschreckte. Es waren die Zeiten, in denen die Milchwerke Rottweil und Offenburg von Omira und Breisgaumilch (heute Schwarzwaldmilch) übernommen wurden und schlechte Stimmung unter den Milchviehhaltern herrschte. Der zunehmenden Produktionstechnik in der Milchviehhaltung und der ökonomischen Ausbeutung der Tiere galt nicht mein Interesse. Dann schon eher der Mutterkuhhaltung, die mir für unsere Schwarzwälder Bergbauernwirtschaft wie geschaffen schien. „Leben und leben lassen", das konnte ich hiermit verwirklichen. Mit dem „Lotharholz" bauten wir in Rundholzbauweise und viel Eigenleistung einen neuen Liegeboxenlaufstall mit einem Kälberschlupf.

Dieser Stall wurde an das ursprüngliche Gebäude angebaut. Ein quadratischer Bau mit einem mittigen Futtertisch, der den Stall gleichzeitig in zwei Hälften teilt. An der rechten und linken Wandseite jeweils die Liegehochboxen, dazwischen die Mist- und Laufgänge. Die Trennung des Stalles in zwei Teile ermöglicht gleichzeitig die Trennung der Tiere nach Bedarf. Nach der Geburt bleiben die Mutterkühe mit ihren Kälbern zunächst zwei Wochen zusammen im Stall, damit sie eine gute Kuh-Kalb-Bindung aufbauen können. Kühe haben einen ausgeprägten Mutterinstinkt, sodass sie ganz freiwillig in der Nähe ihrer Kälber bleiben. Auch wenn sie danach zusammen auf eine nahe Weide gelassen werden. Im Stall gibt es eine separate Kälberbox, die durch eine in niedriger Höhe angebrachte Querstange nur den Kälbern Durchschlupf genehmigt. In diesem „Kindergarten" sollen sich die Kälber zu einem eigenen Herdenverband zusammenfinden und können aber gleichzeitig jederzeit zu ihren Müttern gehen.

Nach fünf bis sechs Monaten wird die Herde getrennt. Die Kühe mit männlichem Nachwuchs in die linke Stallhälfte, die weiblichen Kälber mit ihren Müttern in die andere. Erst zwölf bis fünfzehn Wochen vor dem nächsten Abkalben werden die Jungtiere ganz von den Mutterkühen getrennt. Die Jungtiere werden entweder zur Weitermast an Mastbetriebe verkauft oder gehen direkt als Weidemastkalb zum Schlachter. Allerdings nur Kälber, deren Fleisch ich über den örtlichen Metzger und an die umliegende Gastronomie direkt vermarkten kann.

Die Hauptarbeit im Stall übernehme ich, das heißt, ich bin viel bei den Tieren; morgens der erste Gang nach dem Aufstehen und abends der letzte vor dem Zubettgehen führen mich immer in den Stall. Die beiden Stallzeiten sind überwiegend meine Arbeit. Meine Frau und mein Sohn unterstützen mich dabei, vor allem, wenn die Kälber auf der Welt sind. Als Erstes wird entmistet, d.h., die Kuhfladen von den etwas höher liegenden Liegeboxen gekehrt, im Kälberschlupf ebenfalls der grobe Mist aus dem Stroh in den Laufgang gegabelt. Von dort wird er mit dem Pendelklappschieber vollends aus dem Stall befördert. Dann wird gefüttert, Heu, Silage, nach Bedarf etwas Getreideschrot (beim Mosten fällt noch Trester an und beim Schnapsbrennen Schlempe, beides wird auch verfüttert). Während der Fresszeit werden die Tiere an den Fressplätzen mit dem Fressgitter festgehalten. Dadurch kann ich die Tiere kontrollieren, auf Zecken untersuchen und auch mal mit dem Striegel über das Fell bürsten. Außerdem kann ich in Ruhe die Liegeboxen mit Sägemehl und den Kälberschlupf mit Stroh nachstreuen.

Durch den intensiven Umgang mit den Tieren, schon von deren Geburt an, ist die ganze Herde handzahm und gut zu führen. Wobei der Angus an sich ein sehr ruhiges Gemüt hat und dem Menschen zugetan ist. Durch die genetische Hornlosigkeit entfällt die Gewissensfrage der Enthornung. Tierwohl geht vor Produktionsfaktor. Mir ist wichtig, dass ich den Bedürfnissen der Kühe gerecht werde, d.h. sie kommen im Sommer tags in den Stall, damit die Bremsen sie nicht quälen. Ein sauberer Stall und saubere Tiere haben ebenfalls mit Tierwohl zu tun. Tiere, die bis an den Bauch verkotet sind und im Mist stehen, gibt es bei mir nicht. Ich halte dies auch nicht für ein Zeichen von „Bioqualität". Ich halte die Tiere, wie sie es brauchen, oder gar nicht, da kenne ich keine Kompromisse.

Ich versuche mich in die Tiere hineinzudenken, das natürliche, instinktive Verhalten von Tieren zu verstehen und in meinen Umgang mit ihnen einfließen zu lassen. Ein Beispiel für das Vertrauensverhältnis zwischen den Tieren und mir ist, dass ich beim nachmittäglichen Von-der-Weide-Holen auf dem Hof stehen bleiben kann und die Tiere, wenn sie die bekannte und seit Generationen verwendete gesungene Rufmelodie hören, aus jeder Ecke der Weide angelaufen kommen. Sie wissen: Der Bauer ruft, jetzt geht es in den Stall und da bekommen wir was Gutes. Ich versuche auch unseren Kindern oder Praktikanten zu vermitteln, wie man Vertrauen zu den Tieren aufbaut: dass man langsam und ohne schnelle Bewegungen auf ein Tier zugeht, es respektiert, wenn das Tier trotz ausgestreckter Hand die ersten Male weggeht. Irgendwann bei einem der nächsten Versuche wird es neugierig stehen bleiben und dann lässt es sich auch bald streicheln. Wichtig ist mit ihnen zu reden, dass sie die Stimme erkennen und den Geruch wahrnehmen.

Soweit ich mich erinnere, hatte ich weder früher in meiner Kindheit noch heute ein Lieblingstier. Ich hatte meine Aufgaben im Stall, die ich gewissenhaft erledigte, damit jedes Kälbchen, jede Kuh und auch die Schweine und die Hühner das bekamen, was sie brauchten und gut versorgt waren. Das mache ich eigentlich heute noch so. Ich versuche die Tiere so zu halten und so mit ihnen umzugehen, dass ich jedem gerecht werde, keines bevorzuge oder ablehne. Ausnahme war unser Zuchtbulle „Hannibal", den wir zweieinhalb Jahre auf unserem Hof hatten. Es war ein sehr großer Roter Angusbulle, der leider Probleme mit den Klauen hatte. Seine gutmütige, ruhige und freundliche Art machte den Umgang mit ihm trotz seiner Größe und Fülle sehr leicht. Aber das Klauenproblem musste immer mal wieder vom Tierarzt versorgt werden und dazu haben wir das Tier in einen Klauenpflegekippstand ohne Probleme hineinbekommen, obwohl er eigentlich viel zu groß dafür war. Auf Hannibal konnten mein Sohn Andreas und ich sogar draußen auf der Weide reiten. Vielleicht ist er uns auch deshalb so ans Herz gewachsen, weil wir immer wieder Sorgen mit ihm und um ihn hatten. Sein Fußwerk war für das Gewicht zu labil und letztlich immer anfällig. Die Entscheidung schließlich, ihn abgeben zu müssen bzw. ihn in an den Tierhändler zu verkaufen, der ihn in den Schlachthof brachte, ist mir nicht leicht gefallen.

Ich selbst habe noch nie ein Tier getötet, selbst das Hühnerschlachten überlasse ich bis heute gerne meiner Mutter. Allein die Vorstellung einer Notschlachtung, bei der ich wohl oder übel selbst zum Messer grei-

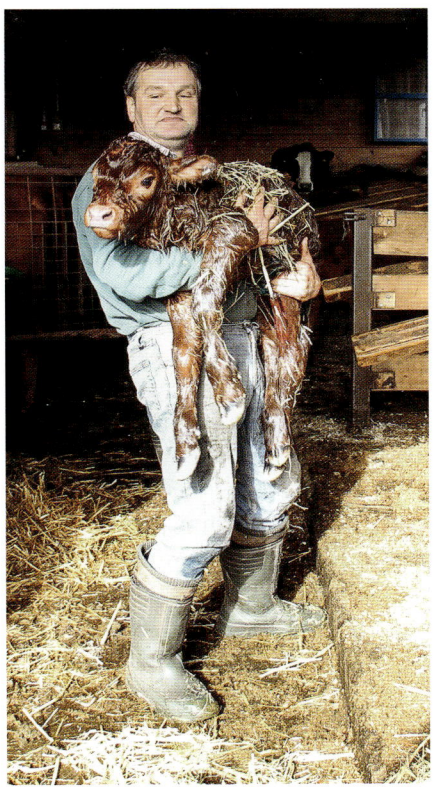

fen müsste, flößt mir großen Respekt ein und ich bin dankbar, dass ich diese Situation noch nie kennenlernen musste. Trotzdem ist es für mich kein Gegensatz, Tiere gut zu behandeln, um sie später einmal zu schlachten. Ich selbst bin bei Heimschlachtungen oder auch in kleinen Schlachthöfen dabei, bis das Tier tot ist; sie sind viel ruhiger, weil sie mich als „Herdenmitglied" erkennen. Ich halte aber im Gegenzug die Akkord-Schlachtungen in großen Schlachthöfen für fraglich, wo die Schlächter nicht als die „Feinsten" im Umgang mit den Tieren gelten. Da werden Verletzungen durch Brechen der untersten Schwanzwirbel beim Ein- und Ausladen billigend in Kauf genommen, um einen zügigen Arbeitsablauf zu gewährleisten. Das alles geschieht, weil die Schlachtkosten niedrig sein müssen, um dem Verbraucher als Endprodukt billiges Fleisch zu verkaufen.

Eine Aktion, die mir bis heute Magenschmerzen bereitet, war die „Herodesprämie". In einigen EU-Ländern wurden von 1996 bis 2000 für das Töten weniger Wochen alter Kälber Prämien bezahlt, um eine Marktentlastung zu erreichen. Wenngleich in Deutschland diese Prämie wegen ethischer Bedenken zum Glück nicht zulässig war, so vermute ich, dass eines meiner Kälber in dieser Zeit nach Frankreich zum Schlachten weiterverkauft wurde. Ich sehe das wunderschöne Angus-Kalb noch heute vor mir und kann den Gedanken kaum ertragen, dass dieses Kalb womöglich für eine Prämie sinnlos getötet und entsorgt wurde.

Tiere sind für mich Mitgeschöpfe und keine Produktionsmittel. Das ist meine innere Überzeugung. Als Tierhalter bin ich für sie verantwortlich.

Die Freude an der Arbeit verdirbt mir manchmal, dass viele Bürger meinen, mitdiskutieren zu müssen, wenn es um Haltung von Tieren geht. Die wenigsten dürften je in ihrem Leben ein Kalb aufgezogen, eine Kuh gemolken oder auf Steilflächen Heu gemacht haben. Dies sollte denjenigen überlassen werden, die eine Ahnung davon haben, die es gelernt haben und tagtäglich damit umgehen. Und bei allem Idealismus stimmt halt die wirtschaftliche Situation überhaupt nicht. Wir stecken so viel Zeit, Elan und Herzblut in die Tierhaltung und alle, die die Tiere und den Stall besichtigen, sind voll des Lobes. Wenn es aber darum geht, für unsere Arbeit auch einen angemessenen Lohn zu erhalten, dann sieht es anders aus. Gekauft wird immer, wo es am günstigsten ist, da interessieren sich nur noch wenige dafür, wo die Tiere herkommen und wie sie gehalten werden. Bei jedem neuen Lebensmittelskandal schreit dann jeder auf und ruft nach Reformen, doch die hat jeder durch sein eigenes Handeln selbst in der Hand. Im Grunde wünschen sich viele so einen Hof, wie wir ihn führen, aber niemand ist bereit, die kleinbäuerliche, konservative Tierhaltung auch im Laden zu unterstützen. Deshalb geben bei uns im Schwarzwald auch immer mehr Höfe diese arbeitsintensive Tierhaltung auf, spezialisieren sich auf Ferienwohnungen mit Swimmingpool und unterhalten Streichelzoos mit Hängebauchschweinen. Aus wirtschaftlicher Sicht kann man es keinem Jungbauern verdenken, wenn er andere Wege geht. Die Wertschätzung bergbäuerlicher Arbeit und all dem, was damit zusammenhängt, aus ihr entsteht oder durch sie erhalten wird, ist bei unseren Politikern und sonstigen Entscheidungsträgern noch immer nicht angekommen. Bergbäuerliche Arbeit bringt weit mehr als Milch und Fleisch, die, zugegeben, an anderen Standorten rationeller und günstiger erzeugt werden könnten. Bergbäuerliche Arbeit erhält eine Kulturlandschaft, die als „einzigartige Schwarzwaldlandschaft" im In- und Ausland bekannt und damit das Herz einer großen Tourismusbranche ist. Bergbäuerliche Arbeit heißt, Hanglagen zu bewirtschaften, die entweder nur von Tieren zu beweiden sind oder spezielle Maschinen und viel Handarbeit erfordern. Bergbäuerliche Arbeit heißt, gerne in der Abgeschiedenheit der Schwarzwälder Berghänge mit Tieren zu leben und zu arbeiten und mit weniger zufrieden zu sein.

Ein wenig Genugtuung empfinde ich, dass unsere beiden Kinder nun doch mit einem anderen Blick auf das „einfache Leben" ihrer Eltern schauen, nachdem sie einen außerlandwirtschaftlichen Beruf erlernt und die freie Wirtschaft kennengelernt haben. Die Tochter kann sich nach ihren Erfahrungen in der Medienwelt vorstellen, auf unserem Hof landwirtschaftliche Nebenbetriebe weiterzuentwickeln, der Sohn schließt demnächst seine zweite Ausbildung als Forstwirt ab.

In Kürze werden wir einen Kleintierfriedhof an unserem Waldrand eröffnen. Dort, wo ich schon eigene Hofhunde begraben habe, sollen auch Menschen, die kein eigenes Stückchen Land besitzen, die Möglichkeit bekommen, ihre Haustiere zu begraben. Und so hat die Tierliebe in unserer Gesellschaft, die uns Nutztierhaltern auf der einen Seite oft das Leben schwer macht, auch eine andere Seite. Neue Zeiten, neue Bedürfnisse! Es liegt in allem eben auch immer eine Chance, die es zu nutzen gilt! Und so grasen unsere Mutterkühe mit ihren Kälbern zwischen buddhistischen Totenbrettern und Kuscheltiergräbern inmitten unserer einzigartigen Schwarzwaldlandschaft mit ihren malerisch bewaldeten Bergen!

Wir lieben das Landleben.

Lesetipps vom Land

Die Landwirtschaft und der ländliche Raum – ein Lebensbereich und eine Kultur, die sich in den letzten 40 Jahren stark gewandelt hat – sind bis heute von fundamentaler Bedeutung für unser aller Zusammenleben. Dieser hochwertige und bebilderte Band geht auf eine Reise durch die Zeit und zeigt durch mal humorige, mal ernsthafte, zuweilen sarkastische und auch kritische Zitate, Redewendungen und Aphorismen kurzweilig, wie sich das Leben auf und vom Land, aber auch der Blick von außen, verändert hat.

Dr. Dieter Barth
„Meine Frau ersetzt mir 20 Kühe."
Agraritäten & Zitate aus Agrarpolitik und Landwirtschaft
ca. 112 Seiten, Hardcover, € 17,95
ISBN 978-3-7843-5342-5

Sie sind echte Kulttiere und faszinieren Groß und Klein mit ihren Kulleraugen: Kühe. In diesem einzigartigen Bildband haben Torsten Prawitt und Uta Haase die Welt der Kühe auf wunderbaren Fotos gebannt. In 11 Kapiteln zeigen sie die ganze Vielfalt der Wiederkäuer: auf der Weide, auf der Alm, im Stall. Heimische Rassen sind genauso dabei wie ausgefallenere Arten. Die humorvollen Kommentare sowie die kurzen Infotexte machen das Buch zu einem unterhaltsamen Schmöker für alle Kuh-Fans!

Torsten Prawitt · Uta Haese
Sag' Kuh zu mir!
Aug in Aug mit 1000 Rindern
ca. 150 Seiten, Hardcover, € 19,95
ISBN 978-3-7843-5335-7

LV·Buch im Landwirtschaftsverlag GmbH · 48084 Münster

Ulrike Siegel, die Herausgeberin der „Bauerntöchter"-Reihe, wuchs in den 60er und 70er Jahren auf dem elterlichen Bauernhof im Zabergäu auf. Geprägt von dieser Zeit studierte sie nach ihrem Schulabschluss Agrarwissen-schaften an der Fachhochschule Nürtingen. Es folgten mehrere Auslandsaufenthalte in Afrika und Indien, doch die Autorin kehrte immer wieder zu ihren Wurzeln zurück. Vor diesem Hintergrund entstand ihr großes Interesse an Lebenswegen und -entwürfen anderer Bauerntöchter.

Weitere Bücher von
ULRIKE SIEGEL

Schwerer Schritt

Landleben liegt gerade sowas von im Trend. Alle wollen raus, in die Natur, „back to the roots". Negative Aspekte und realistische Darstellungen werden dabei oft bewusst ausgeblendet. Doch es gibt sie und manchmal führen sie auch dazu, dass Frauen das Landleben aufgeben. Ulrike Siegels gesammelte Geschichten in diesem Buch zeigen einmal mehr, wie vielfältig Frauen das Leben auf dem Land gestalten und bewerten. Sie setzen sich auseinander mit Rollenbildern, Erwartungen, Befreiung und Mut – Themen, die nicht nur für Frauen auf dem Land, sondern für unsere gesamte Gesellschaft wichtig sind.

Ulrike Siegel (Hrsg.)
„Und dann habe ich
den Hof verlassen"
168 Seiten, Hardcover,
€ 14,95
ISBN 978-3-7843-5170-4

Fesselnde Rückblicke

In diesem Jubiläumsband ziehen 18 Bauerntöchter mit ihren „10-Jahre-danach-Folgeschichten" Bilanz. Was ist aus ihren damaligen Plänen und Träumen geworden? Ihre Geschichten handeln vom Strukturwandel auf den Höfen, von Kühen, die den Hof verlassen, vom Abschiednehmen, von Krankheiten und Tod in ihren Familien. Sie erzählen aber auch vom Aufbruch zu neuen Ufern – und von Zufriedenheit und Glück.

Ulrike Siegel (Hrsg.)
„Einen Hof verlässt man
niemals ganz"

*In der Lebensmitte – Ein neuer
Blick zurück nach vorn*
176 Seiten, Hardcover, € 14,95
ISBN 978-3-7843-5298-5

Erhältlich in jeder Buchhandlung oder unter www.buchweltshop.de

Bildnachweis

S. 7   Herausgeberin Ulrike Siegel ©Claudia Fy

S. 11   Julia Bäumler „Auge in Auge"

S. 13   Zaungäste auf der Terrasse

S. 17   Autor Hofmann mit Limpurger Weideochsen auf der Slow Food Messe Stuttgart, 2006

S. 21   Betrieb Hofmann während des Milchstreiks, 2008

S. 27   Neugierige Straußenküken

S. 29   Straußenfarmer Uschi Braun und Christoph Kistner

S. 32   Autorin Breische

S. 34   Abferkelstall Betrieb Breische

S. 41   Autor Küthe beim Schafehüten ©Tina Melnik

S. 51   Milchviehstall Betrieb Höhler

S. 55   Melkkarussell Betrieb Höhler

S. 64   Putenstall Betrieb Gutheiß

S. 73   Gesine und Karl Harleß im Schweinemaststall

S. 78   Autor Stührwoldt mit Kuh auf der Weide ©Linn Marx

S. 81   Autor Stührwoldt mit Kuh auf dem Heimweg ©Katrin Schmitt

S. 82   Autor Stührwoldt beim Kühetreiben ©Linn Marx

S. 87   „Wir lassen die Kuh raus"

S. 91   „Mittagspause"

S. 98   Füttern eines verwaisten Ferkels in der Bauernküche, 1965

S. 105   Esther und Annette beim Ausmisten, 1967

S. 112   Fleißige Helferinnen Jasmin und Joana

S. 117   Silvia und Fred Rutschmann ©Clara Lütkenhaus

S. 121   Muttergebundene Kälberaufzucht ©Margarita Wolf

S. 125   Leitkuh ©Silvia Rutschmann

S. 129   Schweine auf dem Betrieb Böckmann

S. 132   Mutterkühe auf der Weide

S. 137   „Schwarzbunte"

S. 140   „Früh übt sich"

S. 147   Stolze Vorfahren mit ihren Tieren

S. 151   Auslauf des neuen Sauenstalls

S. 157   Autoren Antonius und Peter Tillmann im Schweinemaststall ©Pierre Zaessinger

S. 163   Autorin Feldmann im Hofstaatkleid beim Schützenfest ©Anna Wiemers

S. 168   Autorin Döhler mit Sohn Tobias

S. 173   Produktion von Anwelksilage auf dem Betrieb ALWI agrar GmbH & Co. KG

S. 177   Autorin Döhler mit Sohn Tobias in der Kälbergroßbox

S. 182   Autor Schillinger mit Hofhund Anton ©Christiane Bach

S. 187   Autor Schillinger mit neugeborenem Kalb ©Sabine Köllner

LV·Buch
im Landwirtschaftsverlag GmbH, 48084 Münster

© Landwirtschaftsverlag GmbH, Münster-Hiltrup, 2014

Das Werk einschließlich aller seiner Teile ist urheberrechtlich geschützt. Jede Verwertung außerhalb der engen Grenzen des Urheberrechtsgesetzes ist ohne Zustimmung des Verlages unzulässig und strafbar. Das gilt insbesondere für Vervielfältigungen, Übersetzungen und die Einspeicherung und Verarbeitung in elektronischen Systemen.

Lektorat: Dr. Roland Gläser, Brackenheim

Korrektorat: Dorothea Raspe, Münster

Gestaltung: Monika Wagenhäuser, LV·Buch

Gestaltung Umschlag: KreaTec – Grafik, Konzeption und Datenmanagement im Landwirtschaftsverlag GmbH, Münster

Druck: Westermann Druck Zwickau GmbH

ISBN 978-3-7843-5339-5